水处理科学与技术

新型介体强化污染物生物还原

王　竞　吕　红　著

科学出版社

北京

内 容 简 介

本书针对常规外源介体在水处理体系应用中的诸多弊端,多角度地提出了几种技术对策以提高污染物生物转化性能,此为本书主线。全书共分七章:首先介绍了氧化还原介体的概念及其研究现状和发展趋势;然后分章介绍了高效醌还原菌群特性;共固定化介体与菌体强化污染物生物还原;醌改性生物载体强化污染物生物还原;好氧降解性介体强化污染物生物还原;底物自催化强化污染物生物还原;微生物自介导强化污染物生物还原等。本书内容涉及多学科交叉,是目前国内第一本关于氧化还原介体强化污染物生物转化的学术专著,具有前沿性、新颖性、系统性和实用性等特点。

本书可作为环境科学与工程、生物技术、材料科学等专业的科研人员、工程技术人员参考用书,亦可供高等院校相关专业师生参阅。

图书在版编目 CIP 数据

新型介体强化污染物生物还原/王竞,吕红著.—北京:科学出版社,2013
ISBN 978-7-03-037522-3

Ⅰ.①新… Ⅱ.①王…②吕… Ⅲ.①废水处理-生物处理 Ⅳ.①X703

中国版本图书馆 CIP 数据核字(2013)第 106217 号

责任编辑:朱 丽 杨新改/责任校对:张小霞
责任印制:张 伟/封面设计:铭轩堂

科学出版社 出版
北京东黄城根北街 16 号
邮政编码:100717
http://www.sciencep.com

北京建宏印刷有限公司 印刷
科学出版社发行 各地新华书店经销
*
2013 年 5 月第 一 版 开本:B5(720×1000)
2017 年 1 月第二次印刷 印张:9 1/2 插页:2
字数:200 000

定价: 108.00元
(如有印装质量问题,我社负责调换)

前　言

　　大量的有毒难降解有机物可经过多种途径进入自然环境,呈现长期残留性和高毒性等特点。厌氧-好氧组合工艺是处理含有毒难降解有机物废水的最有效方法之一。由于污染物毒性和电子传递限制使厌氧微生物代谢速率变慢,厌氧生物处理通常是难降解有机物完全生物降解的瓶颈。近年来,发现一些醌类化合物可作为氧化还原介体,促进污染物的厌氧生物转化甚至矿化。但是这些外源介体在水处理体系中的弊端是醌类化合物价格昂贵、难以生物降解、具有一定毒性,并会随出水流失(需要不断投加),从而造成二次污染。因此,亟待研究开发高效且环境友好型的氧化还原介体,并用于污染物的催化强化处理。

　　作者长期从事介体强化难降解有机物生物处理理论与应用相关方面的研究,并在该研究方向上承担了多项国家自然科学基金项目(醌呼吸协同反硝化降解水中毒性有机物及其机理;改性活性炭催化强化厌氧 BAC-FBR 处理难降解有机废水及其机理研究;电化学活性菌强化水中难降解有机物还原转化及机理研究;醌还原菌对固态水溶性醌介体强化难降解有机物厌氧生物转化的响应机制),城市水资源与水环境国家重点实验室开放研究基金(电化学活性菌/醌改性 PUF 强化水中难降解污染物还原转化研究)。书中所涉及内容是在这些项目资助下完成的。此外,本书出版还得到中国科学院科学出版基金和大连市政府学术专著出版基金的共同资助。在此一并表示衷心感谢!

　　本书是国内第一本关于介体强化污染物生物处理的专著,是我们多年研究成果的系统化总结。全书内容主要包括氧化还原介体的概念及其研究现状和发展趋势;高效醌还原菌群特性;共固定化介体与菌体强化污染物生物还原;醌改性生物载体强化污染物生物还原;好氧降解性介体强化污染物生物还原;底物自催化强化污染物生物还原;微生物自介导强化污染物生物还原等。本书的编写,力求内容新颖、表述通俗易懂,并反映该研究方向的最新进展。

　　本书所有研究工作均为课题组全体师生辛勤劳动的结果。特别是周集体教授、吕红副教授、柳广飞讲师、李丽华博士、邢林林硕士、方连峰硕士、雷天鸣硕士、张隆硕士、司伟磊硕士、袁守志硕士、周艳硕士、程江红硕士、汪迪硕士、李培良硕士等。另外,大连理工大学杨凤林教授和哈尔滨工业大学冯玉杰教授对本书给予了悉心指导;大连理工大学环境学院以及工业生态与环境工程教育部重点实验室的所有师生对本书的编写给予了大力支持和帮助,在此表示感谢!

作者希望本书能够起到抛砖引玉的作用,但是由于作者水平有限,书中错误和疏漏之处在所难免,恳请读者批评指正。

王　竞

2013 年 3 月

目 录

第1章 绪 论

随着工农业的发展,产生了大量的有毒难降解有机物,如卤代及含氮芳香化合物等。这些化合物被广泛应用于人们的生产和生活中,并经过多种途径进入自然环境,呈现出长期残留性和高毒性等特点。含有毒难降解有机物废水的处理有物理、化学、生物及其组合工艺,其中生物法通常是首选处理技术,而厌氧-好氧工艺(A/O)是处理这类废水的最有效方法之一[1-11]。难降解有机污染物通过厌氧生物处理往往可提高其后续好氧生化性,有些结构简单的芳香化合物可直接厌氧生物矿化。但污染物毒性和电子传递限制使厌氧微生物代谢速率变慢,而且厌氧微生物比好氧微生物对毒性难降解有机物更敏感。因此,厌氧生物处理通常是难降解有机物完全生物降解的瓶颈。

许多研究发现:一些醌类化合物[如蒽醌-2,6-二磺酸(AQDS)]作为氧化还原介体,可加速电子从电子供体向电子受体的传递,从而促进污染物的厌氧生物转化甚至矿化。AQDS首先被生物还原为氢醌,后者作为电子供体可无选择性地还原许多毒性有机污染物(在胞外进行的化学反应),并完成AQDS的再生[12-30]。这种生物-化学组合机理在难降解有机废水处理中具有独特的优势。但是这些外源介体在水处理体系中的弊端是醌类化合物价格昂贵、难以生物降解、具有一定毒性,应会随出水流失(需要不断投加),从而造成二次污染[31-37]。

因此,亟待研究开发高效而环境友好型的氧化还原介体,应用于污染物的催化强化处理。

1.1 氧化还原介体概述

1.1.1 概念及特点

氧化还原介体(redox mediators),亦称电子穿梭体(electron shuttles),是指能够被可逆地氧化和还原,并能加速电子在电子供体与受体间传递的化合物。其特点如下:

（1）具有电子载体的功能；

（2）通过降低活化能而加速反应，即具有催化剂特性；

（3）用于催化生物还原反应的介体氧化还原电位介于电子供体氧化与末端电子受体还原这两个半反应之间；

（4）可改变生物的能量代谢，从而影响其生长和代谢特性。

1.1.2 种类

用于催化生物反应的氧化还原介体可分为胞外介体和胞内介体（如黄素腺嘌呤二核苷酸，FAD）；也可分为用于催化还原反应的介体和用于催化氧化反应的介体（如漆酶介体）。其中，用于还原反应的氧化还原介体的基本结构如表 1.1 所示，主要包括蒽醌类、萘醌类、吩嗪类、紫罗碱类及钴胺素类。它们的衍生物已广泛用于介体催化生物还原反应。例如，蒽醌-2,6-二磺酸、蒽醌-2-磺酸（AQS）、甲萘醌（menadione）、指甲花醌（lawsone）、核黄素（riboflavin）、中性红（neutral red）等。

另外，腐殖质可作为天然介体，其活性组分是醌类结构[38,39]。

表 1.1　催化生物还原反应介体的基本结构

基本结构类型	常见介体及其基本结构
蒽醌类	AQDS AQS

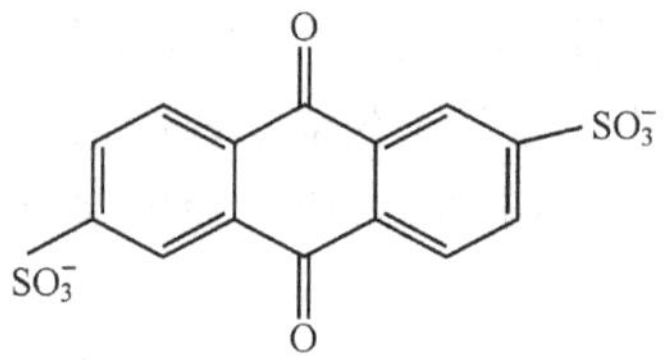

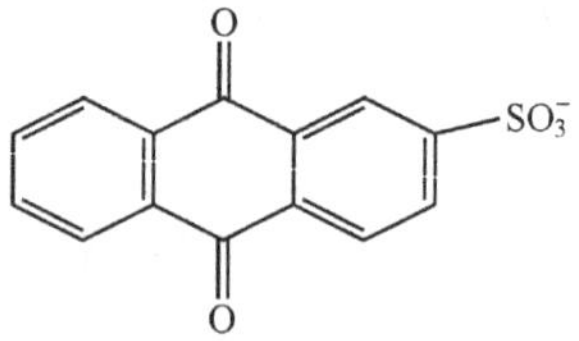

基本结构类型	常见介体及其基本结构
萘醌类	甲萘醌 指甲花醌 胡桃醌
吩嗪类	核黄素 中性红
紫罗碱类	甲基紫 苯甲紫

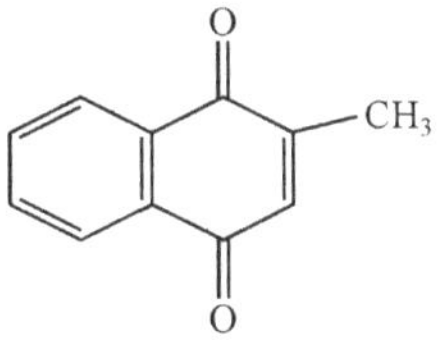

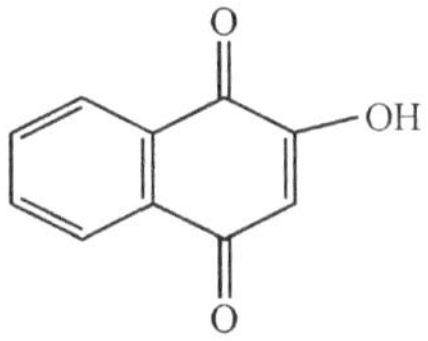

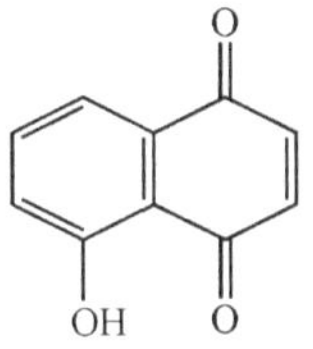

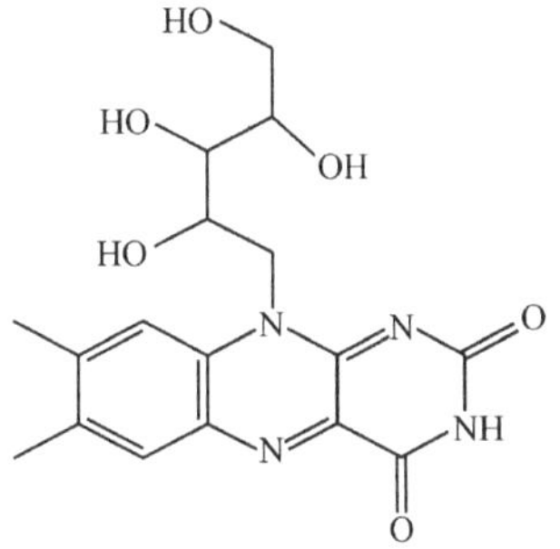

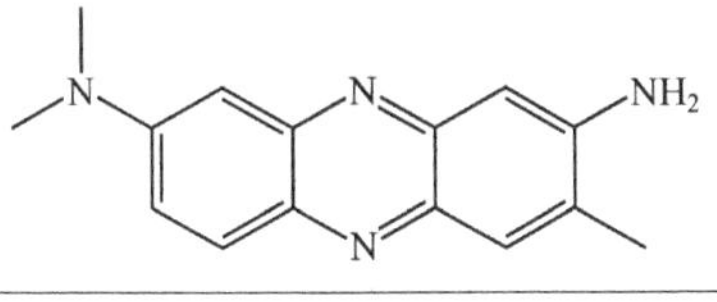

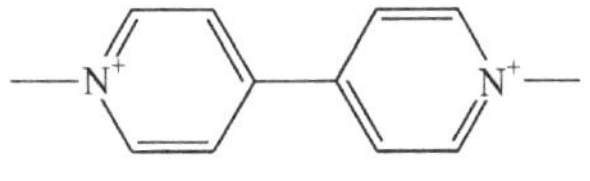

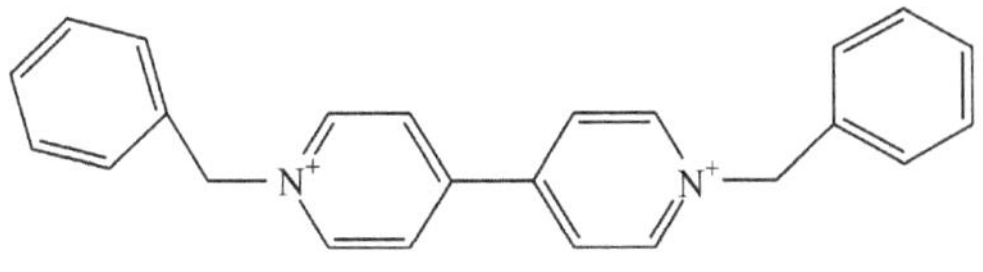

续表

基本结构类型	常见介体及其基本结构
钴胺素类	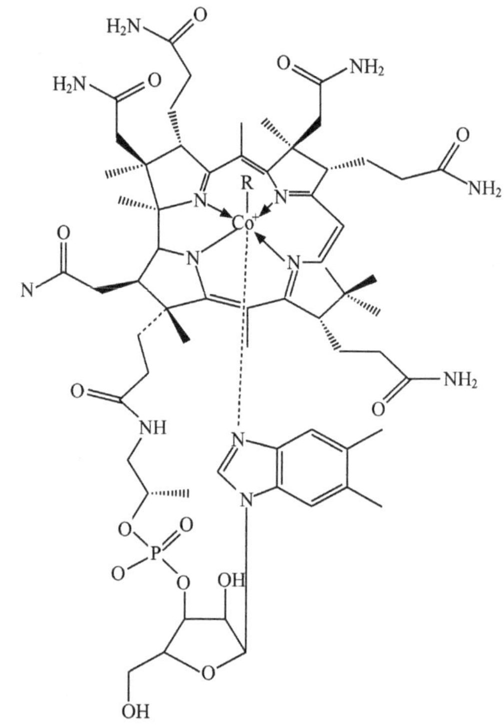

维生素B$_{12}$

1.2　介体强化污染物生物转化的研究背景

　　介体强化技术是指向反应体系中投加外源介体以促进污染物转化。对于污染物化学反应体系,从 20 世纪 80 年代末研究人员开始尝试介体强化研究。而对于介体强化生物转化研究,约始于 20 世纪 90 年代末。

1.2.1　介体强化生物还原反应的类型

　　根据电子受体的不同,可分为介体强化有机物生物还原和介体强化无机物生物还原两类。

1. 强化氯代有机物生物脱氯

这是最早从事的介体强化研究。Becker 以及 Hashsham 等发现将维生素 B_{12} 引入至产甲烷富集培养物中,可使氯仿及四氯化碳的脱氯速率提高 10 倍,而且可大幅度提高脱氯程度[40]。1997 年,Workman 等采用 *Shewanella alga* 首次证实了维生素 B_{12} 促进生物脱氯是由于维生素 B_{12} 发挥了氧化还原介体的作用[41]。

2. 强化偶氮染料生物脱色

1997 年,Keck 等发现了 *Sphingomonas xenophaga* BN6 好氧降解萘磺酸的中间产物可作为氧化还原介体,促进偶氮染料的细菌脱色。而且在此基础上,提出了氧化还原介体存在下偶氮化合物胞外还原的细胞反应模型[42]。目前已证实了许多细菌可利用蒽醌-2,6-二磺酸、蒽醌-2-磺酸、2-羟基-1,4-萘醌等介体,可大幅度提高偶氮染料的胞外还原速率。另外,Lettinga 及 Field 课题组在 UASB、EGSB 等厌氧反应器中考察了介体强化偶氮染料生物脱色的影响因素,并进行了大量应用基础研究[21]。

3. 强化硝基化合物生物转化

2005 年,Borch 等发现在 AQDS 的存在下,*Cellulomonas* sp. 可使 TNT 的一级还原速率常数提高 3.7 倍[20]。Kwon 等证实了 *Geobacter metalliredu-cens* 在 AQDS 作为介体、乙酸盐作为电子供体时,可使炸药 RDX 的还原速率提高 66 倍。而且,AQDS 的存在可明显改变 RDX 厌氧生物转化途径,并使其矿化率提高 40%～60%[23]。

4. 强化金属和非金属元素生物还原

美国微生物学家 Newman 和 Lovley 利用异化金属还原菌在该领域进行了开创性研究。该类微生物可以大量的金属和非金属元素如 $Fe(III)$、$Mn(IV)$、$Cr(VI)$、$V(V)$、$As(V)$、$Se(VI)$、$Co(III)$、$Pd(II)$、$U(VI)$、$Tc(VII)$、$Np(V)$ 等为电子受体,在适宜电子供体存在下,介体(如 AQDS)可提高上述电子受体的生物还原[43-44]。

5. 强化生物反硝化

Aranda-Tamaura 等研究了在反硝化条件下 3 种醌类化合物对硝酸盐还

原和硫化物氧化的影响,发现 1,2-萘醌-4-磺酸可使硫化物氧化率提高 44%,而且,他们还发现被还原的醌(氢醌)可作为电子供体生物还原 NO_2^- 和 N_2O[27]。Lovley 等的研究也表明氢醌可作为电子供体生物还原 NO_3^-。另外,Guo 等也证实了蒽醌可提高污泥反硝化[34]。

6. 强化生物电化学系统电子传递

在微生物燃料电池的阳极室,投加适宜介体可提高电子从燃料至阳极的传递速率(以阳极作为电子受体);而在阴极室投加适宜介体可提高电子从电极至电子受体(氧或氧化态化合物)的传递速率[45]。Delaney 等用亚甲蓝等14 种介体及大肠杆菌等 4 种微生物,以葡萄糖为原料考察了生物燃料电池的产电特性。结果表明,介体明显改善了电池的电流输出,其中较为典型的是硫堇类、吩嗪类和一些有机染料。Sund 等在考察 5 种介体对 *Clostridium cellulolyticum* 消解纤维素产物及产电的影响时发现,刃天青(resazurin)可大幅度提高产电,而对发酵末端产物没有影响。另外,Thrash 等发现在生物电化学反应器中,AQDS 促进电子从阴极至异化氯酸盐还原菌 *Dechloromonas* 和 *Azospira* 的传递速率,从而提高了氯酸盐的生物还原。

1.2.2　反应过程的影响因素

介体强化生物还原反应的影响因素主要包括介体性质、电子供体、电子受体、微生物以及环境因素等几个方面[18-29]。

1. 介体氧化还原电位 E_0

从热力学角度,理想介体的 E_0 应介于电子供体氧化与末端电子受体还原这两个半反应之间。NAD(P)H 的 E_0 为 -320mV(生物系统中氧化还原电位最低的辅酶),因此,理想介体的 E_0 应大于 -320mV。Rau 等研究发现对于强化偶氮染料生物还原的介体较理想 E_0,通常为 $-50\sim-320\text{mV}$。这也被 Guerrero-Barajas 等在强化氯代有机物生物脱氯的研究中所证实。一些常见介体的标准氧化还原电位如表 1.2 所示。

许多研究发现,标准氧化还原电位 E_0 是判断化合物能否作为氧化还原介体的一个重要指标,但不是唯一指标,尤其对生物还原反应。

表 1.2 常见介体的标准氧化还原电位

氧化还原介体	E_0/mV
NAD(P)H	−320
核黄素	−208
FAD	−219
黄素单核苷酸(FMN)	−219
酚藏花红	−252
甲萘醌	−203
中性红	−325
维生素 B_{12}	−530
2-羟基-1,4-萘醌	−139
AQDS	−184
AQS	−218
烟鲁绿 B	−225
苯甲紫(benzyl viologen)	−360

2. 介体溶解性及稳定性

Watanabe 认为强化氯代有机物生物脱氯的介体应同时具有亲水基团和疏水基团。亲水基团可增加介体水溶性,而疏水基团可增加与细胞膜以及氯代有机物的相互作用。Stolz 课题组在强化偶氮染料生物脱色中也证实了介体亲脂性的重要性。另外,含有吸电子基团(如—SO_3H、—COOH 等)的醌类化合物可实现氧化和还原循环,而含有供电子基团的醌则不能(因为易发生氢解)。

3. 介体浓度及其与电子受体比率

方连峰等在介体强化偶氮染料脱色的研究中发现,当 AQDS 浓度 <10mg/L 时,脱色速率常数随着氧化还原介体浓度的增加而显著提高;而在 10~100mg/L 范围内,AQDS 浓度的增加对染料的脱色没有显著的影响。van der Zee 等证实即使 AQDS 与活性红染料 RR2 的摩尔比仅为 1:16,速率常数仍增加 2 倍。而当 AQDS 达到一定浓度后,速率常数则趋稳。脱色速率与氧化还原介体浓度的关系类似于 Monod 模型。

4. 电子供体

研究表明,以醌为电子受体的醌还原菌可利用的电子供体范围很广泛,包括氢气、低级脂肪酸、单糖或双糖、醇类、内源物质以及苯酚、甲苯等。而且,在介体介导生物还原体系中,电子供体可改变菌群结构或酶活性,从而对介体还原以及污染物降解速率产生显著影响。van der Zee 以及 Dos Santos 等研究表明,氢气、葡萄糖和乙酸盐通常是介体强化偶氮染料污泥脱色的适宜电子供体。

5. 微生物

Rau 等已证实醌介体还原为氢醌的过程通常是介体介导生物还原的限速步骤。其中,醌还原菌及其活性是该反应过程的关键因素。醌还原微生物种类繁多,例如,在发酵性细菌、硫酸盐还原菌、卤代烃呼吸菌、产甲烷菌、铁还原菌等菌属中均有存在。Dos Santos 以及 Cervantes 等以葡萄糖为电子供体,采用选择性抑制剂(如 2-溴乙烷磺酸、万古霉素等),考察了它们对醌介体强化偶氮染料及四氯化碳生物还原的影响。结果表明,活性污泥中发酵性细菌在该反应体系中起主导作用,而产甲烷菌的作用则有限。

6. 温度和 pH

提高温度可降低生物反应活化能,从而提高反应速率。在介体强化污染物生物还原体系中亦如此,但不如非强化体系明显。如 Dos Santos 等采用污泥在 30℃和 55℃下对偶氮染料脱色研究时发现,55℃时 AQS 强化体系的一级速率常数是 30℃时的 1.65 倍;而 55℃非强化体系的一级速率常数却比 30℃的提高 5.6 倍。

Kwon 等在 AQDS 作为介体、乙酸盐为电子供体的 *Geobacter metallireducens* 还原炸药 RDX 的研究中发现,pH 从 6.8 到 9.2 时介体对 RDX 生物还原速率几乎没有影响;而对于无介体体系,当 pH 从 6.8 增至 9.2 时,RDX 生物还原速率明显下降。

1.2.3　作用机理

目前关于介体介导的生物反应机理研究非常有限[18,42]。归纳起来可分为 2 类,如图 1.1 所示。

1. 先生物反应，后化学反应

Stolz课题组根据 *Sphingomonas xenophaga* BN6 的实验结果，提出了介体存在下胞外还原偶氮化合物的细胞反应模型。在氧化还原介体存在时，整个反应分为两步：①在电子供体存在下，介体被细胞内膜上的醌还原酶还原为氢醌；②还原态介体（氢醌）非专一性地化学还原胞外污染物（电子受体），并完成介体的再生［图 1.1(a)］。

通常认为水溶性介体可以穿过细胞外膜和周质，当被位于细胞内膜上的醌还原酶还原后，氢醌也可渗透到胞外，作为电子供体，非特异性地化学还原胞外氧化性物质。

2. 先化学反应，后生物反应

介体首先被电子供体［如硫化物、低价铁、柠檬酸钛（Ⅲ）等］化学还原，还原态介体再作为电子供体被生物利用以还原电子受体，并完成介体的再生而进入下一循环［图 1.1(b)］。

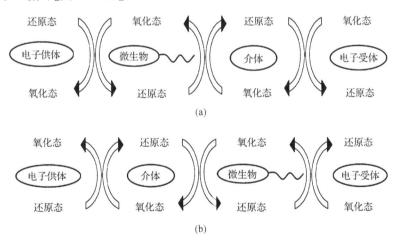

图 1.1　介体介导的生物反应机理示意图
(a) 先生物反应，后化学反应；(b) 先化学反应，后生物反应

1.3　介体强化污染物生物转化的发展趋势

基于生物-化学组合机理的介体强化技术在难降解有机物处理中具有独

特的优势。但是目前常见的外源水溶性介体(如 AQDS 等)价格昂贵,难于降解且具有一定毒性,在水处理中易造成二次污染。因此,今后介体强化污染物生物转化技术研究将主要围绕以下几个方面进行。

1. 固定化介体

将水溶性的高效介体(如 AQDS、AQS 等)共价固定于生物载体上是理想对策之一。这将在常规生物载体的优势基础上,体现介体改性载体的生物催化特性,以进一步提升反应体系的处理性能。

2. 非水溶性介体

研究发现,一些非水溶性的醌类化合物(如蒽醌、甲萘醌等)可作为氧化还原介体促进污染物的还原转化。通过共固定化方式(共包埋、膜生物反应器、颗粒污泥等),或将非水溶性介体吸附至生物载体上,可以将非水溶性介体与微生物固定于一个反应器中,以避免介体随出水流失。

3. 环境友好型廉价介体

研究证实,活性炭也可作为氧化还原介体促进偶氮染料生物脱色。但活性炭接受电子的能力仅为 AQDS 的六分之一左右。因此,可通过对活性炭进行表面化学改性,以提高其生物催化性能。

另外,含量丰富、稳定且无毒的腐殖质(或经适当改性)也可作为重要的醌介体来源而加以深入研究。

4. 内源介体

一些特殊微生物(如电化学活性菌)在特定条件下,菌体表面可形成氧化还原组分或向胞外分泌氧化还原性物质。这些微生物还原污染物是一种菌体自介导的胞外还原过程。这可使底物及中间产物对微生物的毒性降至最低;克服底物从胞外向胞内的运输限制。今后应加强研究电化学活性菌对水处理体系的生物强化和强化方式,及其在水处理体系中介体产生的影响因素及调控策略等。

另外,一些有机污染物在生物还原过程中可产生具有氧化还原活性的中间产物(如邻位羟基取代的芳香胺)。这些中间产物可作为介体加速污染物生物转化,实现底物自催化作用。

5. 深入研究介体强化生物还原的作用机理

利用组学技术(基因芯片、转录组测序、功能蛋白质组等)以及分子生态学技术等先进研究手段,开展醌还原菌对不同醌介体(包括固态介体)的还原机理研究,为介体强化生物还原体系的有效调控奠定理论基础。

第 2 章　高效醌还原菌群特性

迄今已发现具有醌还原活性的微生物在环境中广泛存在[46-51]，如发酵性细菌 *Propionibacterium freudenreichii*，硫酸盐还原菌 *Desulfitobacterium dehalogenans*，产甲烷菌 *Methanospirillium hungatei*，三价铁还原菌 *Pantoea agglomerans*、*Geobacter metallireducens*、*Shewanella putrefaciens* 等。但是如果在反应体系中醌还原菌群的浓度或活性较低，则会导致醌介导的生物反应速率甚至比无醌添加时还要低，因此，醌还原菌群的浓度和活性是醌类化合物能否发挥介体作用催化生物反应的关键因素。作者分别以易降解的有机小分子物质，如葡萄糖、乙酸钠为电子供体，以 AQDS、AQS 以及溴氨酸三种不同的醌类化合物作为电子受体，通过选择性富集的方法获得醌还原菌群。实验中发现，以葡萄糖作为电子供体，以 AQDS 作为电子受体所获得的醌还原菌群性能最佳，具有较强的广谱性，对多种不同的醌类化合物均具有较强的还原能力[52-53]。

2.1　高效醌还原菌的富集

1. 菌源

某石化厂污水处理系统二沉池厌氧污泥、某啤酒厂污水处理厌氧池污泥以及某水库底泥混合均匀的菌悬液。

2. 培养基

无机盐培养基：NH_4Cl，1.0g/L；KH_2PO_4，0.5g/L；K_2HPO_4，0.6g/L；$MgCl_2 \cdot 6H_2O$，0.2g/L；$CaCl_2 \cdot 2H_2O$，0.05g/L；pH，7.0。

富集培养基：AQDS，0.15g/L；葡萄糖，0.5g/L；$Na_2S \cdot 9H_2O$，0.025g/L；$NaHCO_3$，0.2g/L；无机盐培养基，pH 为 7.0。

3. 菌群富集方法

采用一次性投加高浓度化合物的驯化方法，进行目标菌群的富集。在

135mL 血清瓶内装入 100mL 无机盐培养基,121℃灭菌 20min,冷却后依次加入经 110℃灭菌 15min 的 10g/L 葡萄糖溶液 1.35mL、5g/L AQDS 溶液 2.7mL,经滤膜过滤的 5% $Na_2S \cdot 9H_2O$ 溶液 0.1mL 以及 10% $NaHCO_3$ 溶液 2.0mL。混匀后使用无机盐培养基填满血清瓶,用硅胶塞密封,用无菌注射器射入菌源混合液后,置于 30℃培养箱中静置培养,AQDS 完全还原后,将菌液转接入新鲜培养基中。2～3 天为一个富集周期。

2.2　高效醌还原菌群的培养特征

经过 12 次重复富集后,培养基由培养前的无色向橙黄色转变,紫外-可见光谱中 405nm 处出现肩峰(AH_2QDS 特征峰),说明已成功获得目标菌群(图 2.1)。图 2.2 给出了醌还原菌群在生长培养基中培养时紫外-可见光谱的变化。可见,随着培养时间的增加,AQDS 特征吸收峰(329nm 处)逐渐减弱,直至完全消失;而在 385nm 和 405nm 处则出现新的特征吸收峰,并且强度不断增大;同时生长培养基的颜色也发生了显著变化,由培养前的无色逐渐转变为橙黄色,表明 AQDS 被还原为 AH_2QDS,由醌式结构转变为氢醌结构(图 2.3)。该醌还原菌群在 10 h 内即可完全还原 150mg/L AQDS。

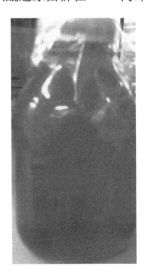

图 2.1　高效醌还原菌群

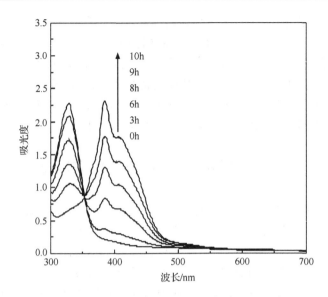

图 2.2　AQDS 生物还原过程的紫外-可见光谱

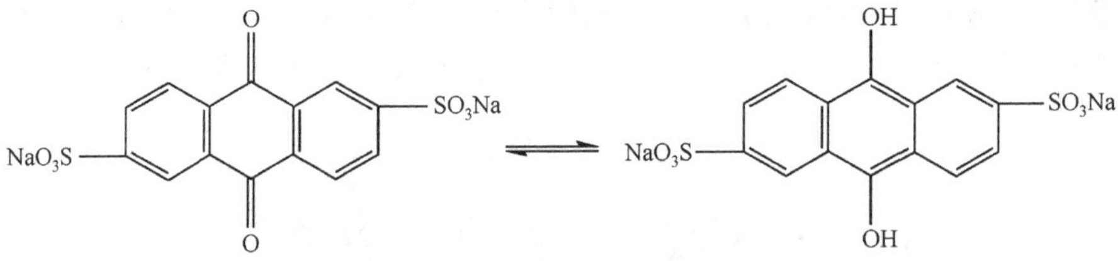

图 2.3　AQDS 与 AH_2QDS 的转换

醌还原菌群生长在液体培养基内,上层清晰而底部显沉淀状,培养基由无色变为橙黄色;在平板上,菌苔为白色,菌落呈圆形、扁平、边缘整齐;而在深层琼脂培养基中培养时,表面附近生长相对旺盛,中部生长较均匀,底部基质还原呈橙黄色。可以推测,醌还原菌群可能由兼氧菌、厌氧菌构成,依靠兼性厌氧菌的前期生长,自然形成一种厌氧环境(无需惰性气体保护),满足厌氧菌生长所需条件。

2.3　高效醌还原菌群的分子生态特性

2.3.1　高效醌还原菌群 RIS 指纹分析

1. 引物

926F：5′-CTYAAAKGAATTGACGG-3′；
189R：5′-TACTGAGATGYTTMARTTC-3′；
RV-M：5′-GAGCGGATAACAATTTCACACAGG-3′；
M13-47：5′-CGACGTTGTAAAACGACGGCCAGT-3′。

2. 文库构建及测序

以醌还原菌群基因组 DNA 为模板，采用引物 926F 和 189R 进行聚合酶链式反应（polymerase chain reaction，PCR）扩增而得到 RIS（ribosomal intergenic spacer）片段。用 TaKaRa Agarose Gel DNA Purification Kit Version 2.0 切胶回收后，分别与 pMD18-T 载体进行连接后（16℃），热转化至 *E. coli* Competent Cell JM109 中，涂布平板，过夜培养菌体。从转化平板中随机选取单克隆，采用菌体 PCR 法鉴定阳性克隆。首先用无菌牙签挑取单菌落，加入到装有 11.5μL ddH$_2$O 的离心管中，作为模板。PCR 采用 25μL 反应体系：含模板的 ddH$_2$O 11.5μL，TaKaRa Premix Taq™（Ex Taq™ Version）12.5μL，引物 926F（10pmol/μL）0.5μL，引物 189R（10pmol/μL）0.5μL。PCR 条件：94 ℃预变性 10min，然后进入 30 个循环（94℃ 30s，55℃ 30s，72℃ 1min 30s），最后在 4 ℃下延伸 100min。反应完毕后，取 6μL PCR 产物，进行琼脂糖凝胶电泳（1%）检测。然后随机挑选 20 个阳性克隆，提取质粒后，分别采用 BcaBEST™ Primer RV-M 或 M13-47 测序。

图 2.4 为驯化前后菌群 DNA 的 RIS 指纹图。可以看出，随着驯化时间的变化，一些条带消失，而另一些条带则变得更为明显。说明该菌群富集过程中群落结构发生了显著变化。

对该醌还原菌群的 RIS 片段切胶回收后，克隆，将随机挑选的 20 个阳性克隆进行测序，并进行进化分析（图 2.5）。可见，醌还原菌群主要由乳杆菌科（Lactobacillaceae）（65%）、肠杆菌科（Enterobacteriaceae）（30%）和拟杆菌科（Bacteroidaceae）（5%）组成。

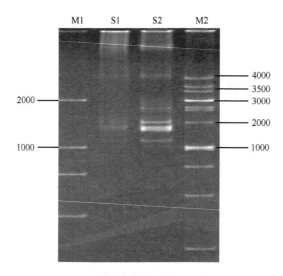

图 2.4　醌还原菌群的 RIS 指纹分析

M1、M2：DNA 标记；S1：菌源；S2：醌还原菌群（单位：bp）

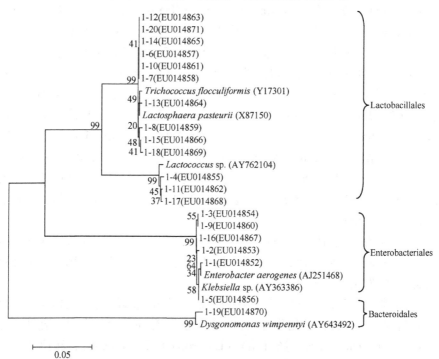

图 2.5　基于 16S rDNA 文库构建/测序的醌还原菌群结构

2.3.2　高效醌还原菌群的 PCR-DGGE 分析

上述醌还原菌群以葡萄糖为电子供体,AQDS 为电子受体,经过 2 个月的进一步富集,采用 PCR-DGGE/克隆测序技术解析了其分子生态特性,为分离其中的优势菌奠定基础。

采用 16S rDNA 基因 V3 可变区具有特异性的引物对:341F＋GC(5'-CGCCCG CCG CGC CCC GCG CCC GGC CCG CCG CCC CCG CCC CCT ACG GGA GGC AGC AG-3')和 518R(5'-A TT ACC GCG GCT GCT GG-3')。PCR 反应条件:采用降落式 PCR 反应程序,94℃预变性 5min;前 10 个循环为 94℃ 1min,65～60℃ 1min,72℃ 30s,其中每个循环后复性温度下降 0.5℃;后 18 个循环为 94℃ 1min,60℃ 1min,72℃ 30s;最后 72℃延伸 5min。产物于 4℃保存备用。PCR 产物进行凝胶电泳分离:8%聚丙烯酰胺(37.5:1),变性剂尿素与去离子甲酰胺的线性梯度为 35%～55%。在 60℃,200V 下电泳 5h,用 Genfinder 染色后拍照分析。然后将 DGGE 图谱中清晰的优势条带标记后割胶回收、捣碎,加入 TE(pH 为 8.0)浸泡、离心后取上清液作为模板进行 PCR 扩增(引物为 341F 和 518R)。扩增产物纯化后测序。

由图 2.6 可见,进一步富集后的高效醌还原菌群中主要优势菌为 *Lactococcus* sp. 、*Shewanella* sp. 和 *Pseudomonas* sp. 。

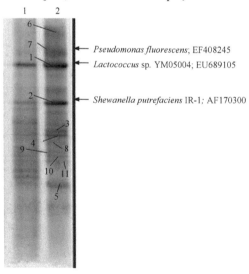

图 2.6　基于 PCR-DGGE/克隆测序的高效醌还原菌群解析
1. 驯化前;2. 驯化后

2.4　菌群对醌类化合物的还原特性

2.4.1　电子供体对菌群醌还原活性的影响

以四种不同有机物作为共代谢底物,分别考察了菌群对 AQDS 的还原特性的影响(图 2.7)。可以看出,以丙酸钠为电子供体时,菌群对 AQDS 的还原性能最差;以乙酸钠为电子供体时,AQDS 在 12h 内仅部分被还原(约占 50%);而在以葡萄糖和蔗糖为电子供体的体系中,AQDS 可全部被还原。由此表明,电子供体类型对菌群的醌还原活性有显著影响。该结果与 van der Zee 以及 Dos Santos 等的研究相一致。其原因可能是由于不同电子供体会引起微生物群落结构的差异,或者不同电子供体可导致微生物酶系统的差异。

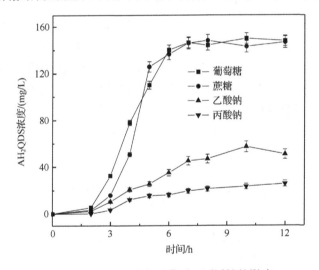

图 2.7　共代谢底物对菌群还原活性的影响

葡萄糖浓度对菌体生长及醌还原的影响如图 2.8 所示。可见,当葡萄糖浓度在 0～1.0g/L 范围内,随着葡萄糖浓度的增加,菌群生长量显著增加;而当葡萄糖浓度超过 1.0g/L 后,增加葡萄糖浓度对菌群生长无明显影响作用。同时,研究中发现,葡萄糖浓度对菌群的还原能力有重要影响作用,而且在半连续培养过程中尤其明显。当葡萄糖浓度为 1.0g/L 或 2.0g/L 时,在第二次循环后,菌群对 AQDS 的还原率仍可以接近 100%;而当葡萄糖浓度为 3g/L 时,在第二次循环后,菌群对 AQDS 的还原率已经下降至 60% 左右。这表明

AQDS 与葡萄糖的比例不同,菌群结构也随之发生了改变,高浓度葡萄糖会导致非醌还原菌的过度生长,不利于保持醌还原菌在菌群中的竞争优势,从而导致其还原活性的降低;虽然菌量有所增加,但醌还原性能却降低了。因此,葡萄糖浓度的最适浓度为 0.5g/L。

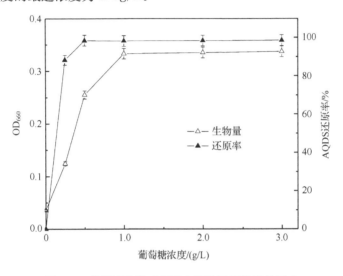

图 2.8　葡萄糖浓度对菌群生长及还原性能的影响

2.4.2　pH 对菌群醌还原活性的影响

　　pH 是影响微生物生长及其性能的重要因素。在适宜的 pH 范围内,微生物能够生长良好,并具有较高的生物催化活性。pH 对醌还原菌群醌还原活性的影响如图 2.9 所示。结果表明,pH 在 6.0~8.0 范围内,菌群生长良好,AQDS 的还原率也较高,可达 80% 以上。在偏酸性条件或强碱性条件下,菌群生长受到严重抑制,从而降低了醌还原性能。

2.4.3　温度对菌群醌还原活性的影响

　　由图 2.10 可知,醌还原菌群在 25~35℃ 的温度范围内可生长良好,其最适生长温度为 30℃。同时,菌群在 25~35℃ 范围内也具有较强的 AQDS 还原能力,其还原率均可达到 80% 以上。而在低于 20℃ 和高于 40℃ 时,其生长受到抑制,对 AQDS 的还原能力显著降低。这可能是由于温度变化会引起微生物群落结构的差异,从而影响菌群的醌还原活性。

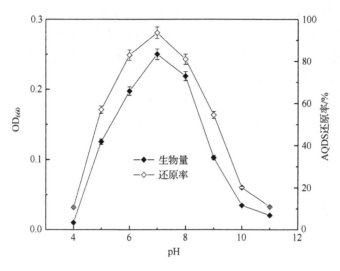

图 2.9　pH 对菌群生长及还原性能的影响

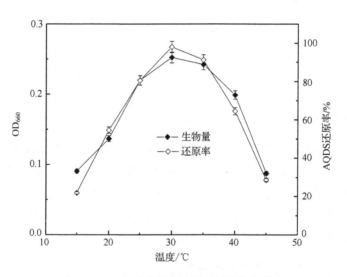

图 2.10　温度对菌群生长及还原性能的影响

2.4.4　接种量对菌群醌还原活性的影响

菌体接种量可直接影响微生物的初始生长速度。由图 2.11 可见,菌体在 12h 内的生长量随着接种量的增加而增加。这是因为增加接种量可缩短菌体的停滞期,提高菌体生长速率。另外,当接种量大于 8% 时,AQDS 的还原率均在 98% 左右。为了使菌群具有较高的 AQDS 还原能力,接种量以 8% 为宜。

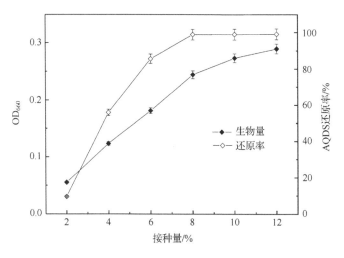

图 2.11　接种量对生长及还原能力的影响

2.4.5　菌群还原醌类化合物的广谱性

为了考察以 AQDS 为模型醌化合物选择性富集的菌群对其他醌类化合物的还原活性,选用了 6 种醌类化合物作为研究对象,结果如表 2.1 所示。对于含有 AQS、2,7-AQDS 以及活性艳蓝 X-BR 的反应体系,其紫外-可见光谱随着时间的推移发生了显著变化,出现了新的特征吸收峰,说明这 3 种醌类化合物的化学结构已发生了变化,由原来的醌式结构转变成了二酚型结构;而在含有溴氨酸、酸性蓝 2G 以及活性艳蓝 K-GR 的生物体系中出现了类似于絮凝的现象,随着时间的延长,在厌氧瓶底部出现了大量絮状沉淀物,而上层溶液则保持澄清,并由初始的红色或蓝色逐渐转变成无色(图 2.12),这是由这 3 种醌类化合物被还原后形成的氢醌化合物水溶性较差所致。上述现象与文献报道的醌类化合物的还原完全吻合,表明该菌群对这 6 种醌类化合物均具有还原活性,即具有较强的醌还原广谱性。

实验中还发现,该菌群对活性蒽醌染料的还原速率相对较慢,这可能与染料的结构复杂有关。但总体而言,以 AQDS 为模型醌化合物选择性富集的目标菌群对包括蒽醌染料中间体和蒽醌染料在内的多种醌类化合物均具有较强的还原能力。苏妍彦等利用该菌群,以溴氨酸为氧化还原介体,实现了偶氮染料的催化强化生物脱色。而且,溴氨酸可好氧生物降解,可在后续的芳香胺好氧降解过程中被矿化,不形成二次污染。

表 2.1　菌群对醌类化合物的还原活性

醌类化合物	反应后特征
AQS	在 398nm 处出现新的特征吸收峰,溶液颜色加深
2,7-AQDS	在 390nm 处出现新的特征吸收峰,溶液颜色加深
活性艳蓝 X-BR	595nm 处特征吸收峰消失,475nm 处出现新吸收峰
酸性蓝 2G	635nm 处特征吸收峰消失,有絮状沉淀,上清液无色
溴氨酸	485nm 处特征吸收峰消失,有絮状沉淀,上清液无色
活性艳蓝 K-GR	605nm 处特征吸收峰消失,有絮状沉淀,上清液无色

(a)　　　　　　　　　(b)

图 2.12　醌还原菌群对溴氨酸的还原
(a)0h;(b)15h

另外,根据某些蒽醌染料中间体和蒽醌染料加氢还原后水溶性变差的特性,也可使用该菌群对这些蒽醌染料中间体以及蒽醌染料废水进行脱色,并加以回收,以实现废水资源化处理。

第 3 章　共固定化介体与菌体强化污染物生物还原

在解决 AQDS 等一些水溶性介体在水处理体系中随出水流失而造成二次污染的研究中,van der Zee 等证实活性炭可被生物还原并可作为氧化还原介体,其活性基团被认为是醌/羰基。但活性炭接受电子的能力仅为 AQDS 的六分之一。而且活性炭本身具有的醌/羰基大多位于孔径小于 2nm 的微孔处,而微生物通常大于 0.2μm,难以接触到微孔,因此,其中的醌/羰基起到的催化作用有限。另外,本实验室曾使用海藻酸钙固定化蒽醌作为介体,发现它可使几种偶氮染料的生物脱色速率提高 0.5~1.0 倍。但由于菌体与介体的接触限制,故该固定化蒽醌的催化活性有待于进一步提高。而共包埋固定化高效醌还原菌与非水溶性介体,使二者位于同一空间,则可有效解决这一问题。

通常,共固定化技术主要用于将细胞与细胞、细胞与酶以及酶与酶同时固定于同一载体中,能使各组分之间互补催化活性,实现协同作用。在发酵工程、酶工程等生物技术领域中,展现了广阔的应用前景[54]。本章首次将共固定化技术应用于非水溶性介体与菌体的固定,以更有效地发挥介体的生物催化作用。

3.1　非水溶性介体的筛选

选择理想的非水溶性介体是实现共包埋固定化菌体与介体的前提。研究发现,一些非水溶性的蒽醌染料中间体可以作为氧化还原介体,从而促进了污染物的厌氧生物转化。一些代表性的非水溶性介体如表 3.1 所示。

表 3.1　非水溶性介体

介体名称	结构式
蒽醌	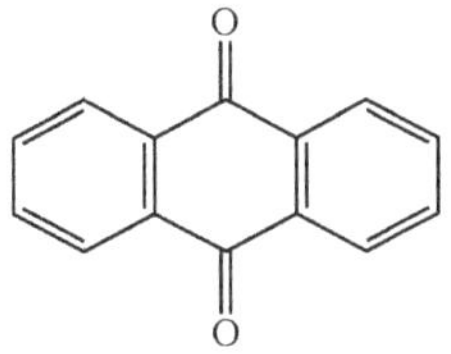

续表

介体名称	结构式
1-硝基蒽醌	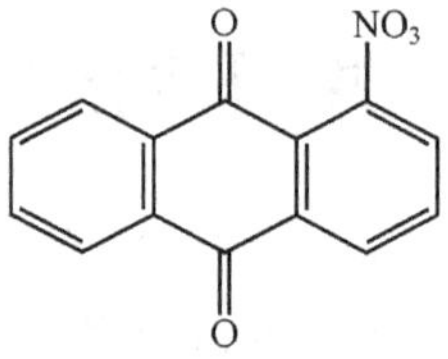
1-氨基蒽醌	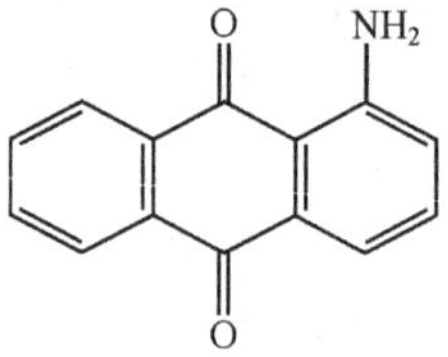
1,8-二羟基蒽醌	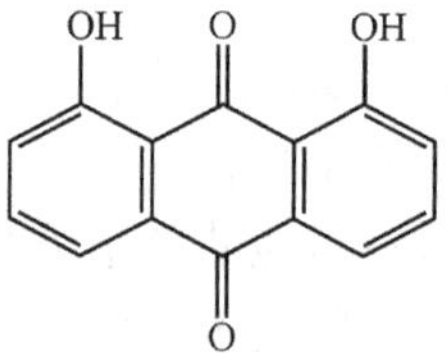
1-氯蒽醌	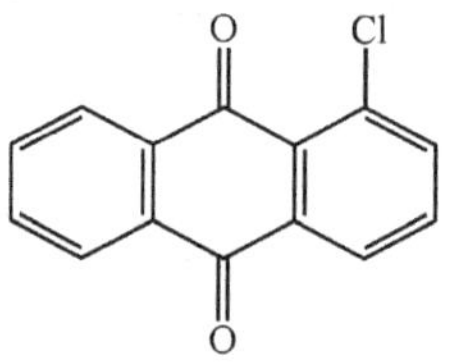
1-氨基-2,4-二溴蒽醌	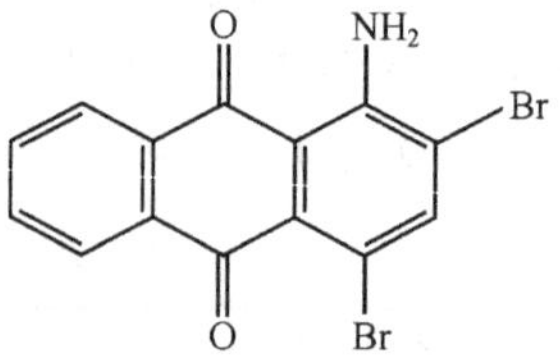
1,8-二羟基-4,5-二硝基蒽醌	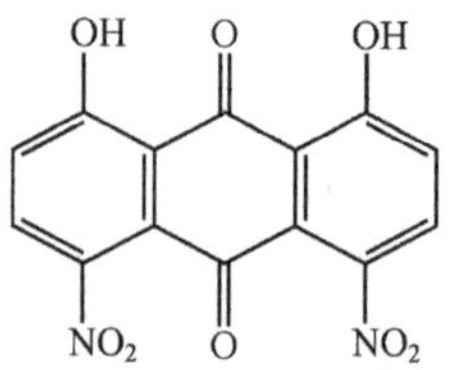

续表

介体名称	结构式
1,8-二氯蒽醌	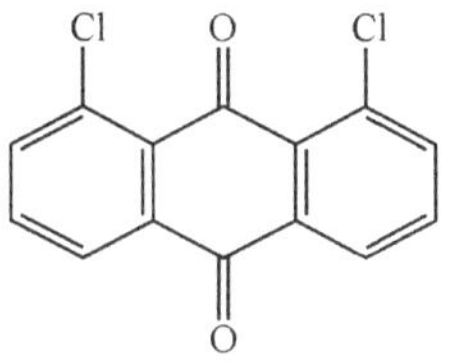
1,4-二羟基蒽醌	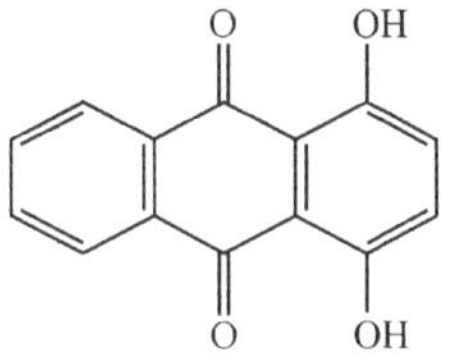
1,2-二羟基蒽醌	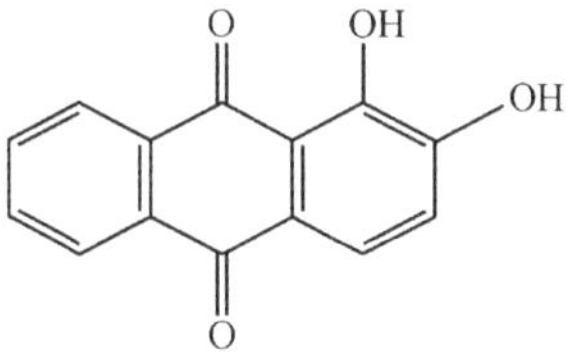

　　以偶氮染料作为模型污染物,考察了非水溶性介体对醌还原菌群脱色偶氮染料的影响,如图 3.1 所示。结果表明,当体系中未投加氧化还原介体时,厌氧反应 12 h 后,醌还原菌群对偶氮染料 KE-3B 的脱色率为 38.3%;而当氧化还原介体存在时,KE-3B 的脱色率可提高 1 倍以上。

　　在生物反应体系中,醌类化合物发挥氧化还原介体作用的前提是其首先必须被生物还原为氢醌类化合物。而化合物的结构与其生物反应活性密切相关,结构不同的醌类化合物,其生物还原速率也不同,因此,其对偶氮染料脱色的促进程度也有所不同。其中,在 1-氨基-2,4-二溴蒽醌作用下,染料 KE-3B 的脱色效果最佳,其次为蒽醌、1,2-二羟基蒽醌和 1,8-二氯蒽醌;而含有硝基的蒽醌化合物则催化活性较低。另外,取代基的位置对介体催化活性也有较大影响,如 1,2 位取代羟基比 1,4 位的催化活性高。在染料生物脱色的过程中,这些固态介体易于固液分离,不会产生二次污染,具有良好的应用前景。

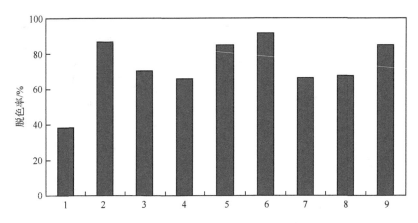

图 3.1　非水溶性介体对染料 KE-3B 生物脱色的影响

1. 无介体；2. 1,2-二羟基蒽醌；3. 1,4-二羟基蒽醌；4. 1,8-二羟基-4,5-二硝基蒽醌；
5. 1,8-二氯蒽醌；6. 1-氨基-2,4-二溴蒽醌；7. 1-硝基蒽醌；8. 1-氨基蒽醌；9. 蒽醌

3.2　共包埋介体与菌体强化偶氮染料脱色

目前，包埋法是研究最广泛的固定化方法。该方法操作简单，对微生物活性影响相对较小，可将微生物锁定在特定的高分子网络中，制作的固定化微生物小球的强度较高。包埋法的原理是通过聚合作用、离子网络形成作用、沉淀作用或改变溶剂、温度、pH 使微生物细胞截留在水不溶性凝胶中的孔隙中，凝胶聚合物网络可以阻止细胞泄漏，同时能使反应基质渗入和产物扩散出来。其特点是能将固定化微生物制成各种形状（球状、块状、圆柱状、膜状、布状、管状等），并且固定化后的微生物能增殖，所以对其研究最多，应用也最广。但是该技术也有其局限性，包埋材料水解后对微生物存在毒害作用，生化反应的底物和产物进出颗粒存在传质阻力，溶解氧的扩散也受到传质影响。同时包埋法制备工艺相对复杂，制备成本较高，载体无法再生。这些不足严重影响了包埋法固定化技术的实际使用。该技术还有许多方面有待完善，尤其应解决固定化载体的问题（如成本高、使用寿命受限、水解后存在生物毒性等）。

醌还原菌生长培养基：葡萄糖，0.5g/L；NH_4Cl，1.0g/L；K_2HPO_4，0.6g/L；KH_2PO_4，0.5g/L；$CaCl_2 \cdot 2H_2O$，0.05g/L；$MgCl_2 \cdot 6H_2O$，0.2g/L；pH，7.0；AQDS，0.15g/L。

表 3.2　所用偶氮染料

染料名称	结构分类	染料结构	最大吸收波长/nm
活性艳红 X-3B	单偶氮	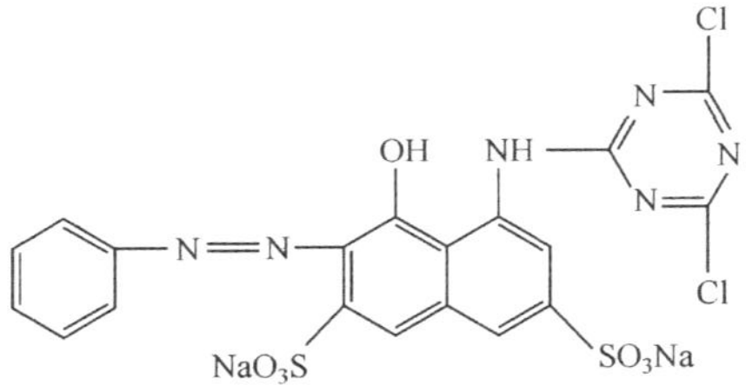	538
活性艳红 K-2G	单偶氮	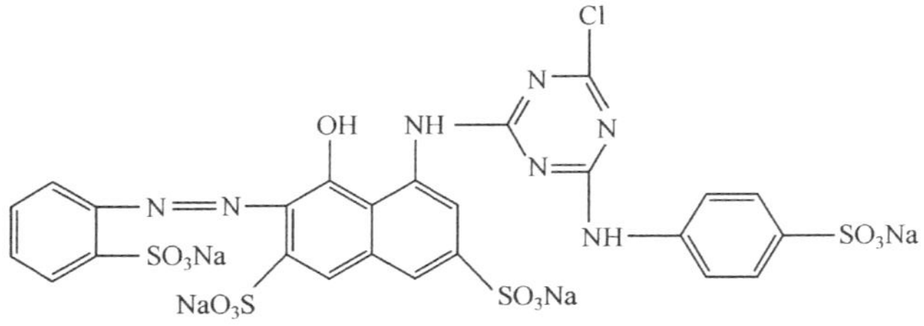	535
活性艳红 K-2BP	单偶氮	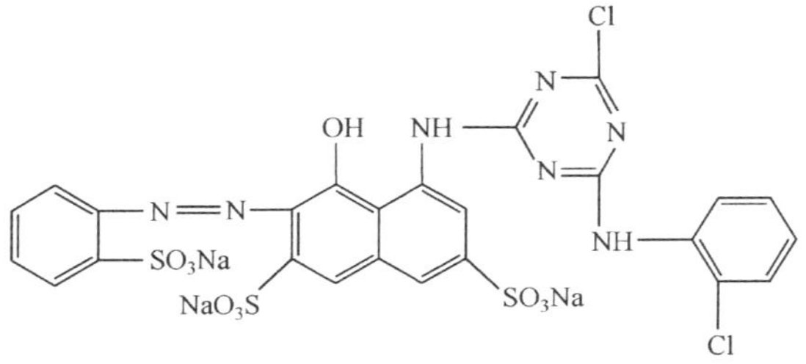	535

续表

染料名称	结构分类	染料结构	最大吸收波长/nm
活性艳红 KE-3B	双偶氮	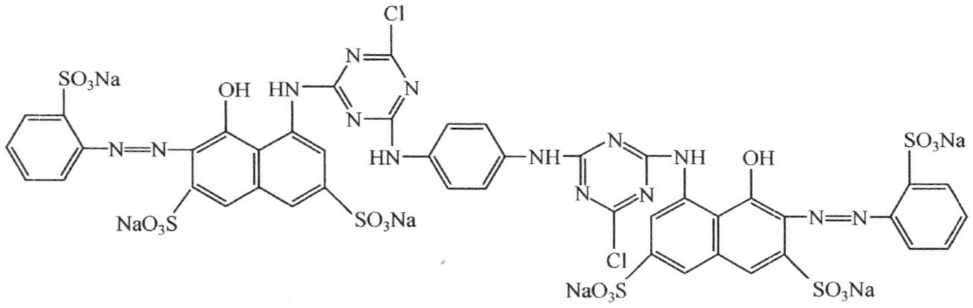	513
酸性红 B	单偶氮	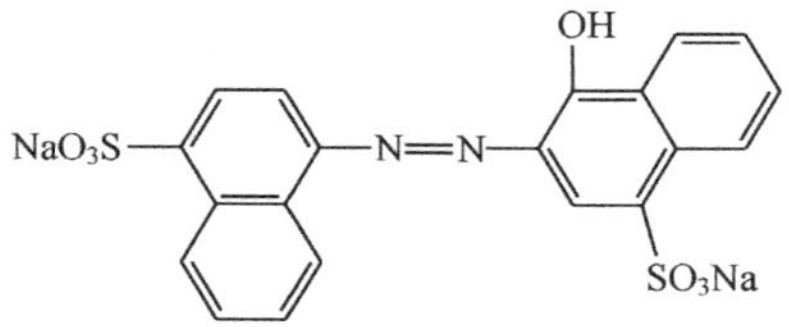	522
酸性品红 6B	单偶氮	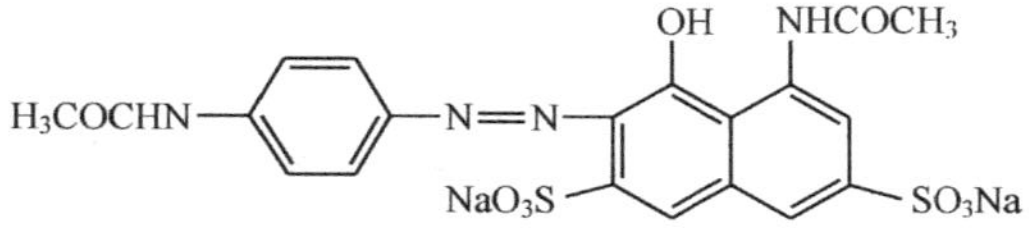	514
苋菜红	单偶氮	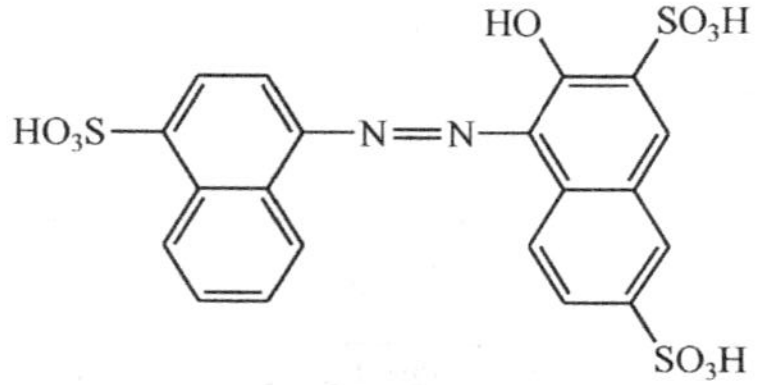	520

续表

染料名称	结构分类	染料结构	最大吸收波长/nm
酸性大红 3R	单偶氮	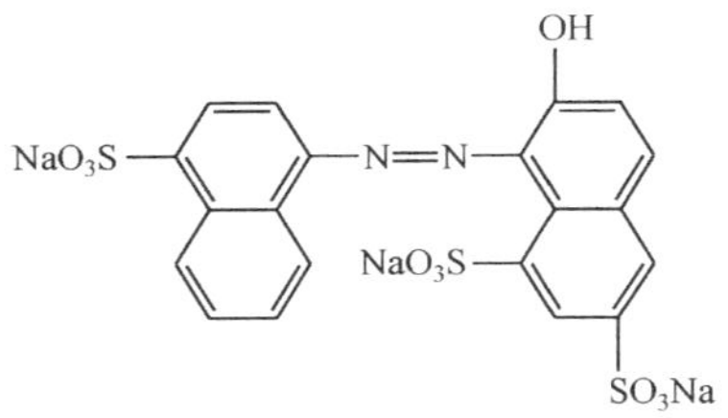	507
直接耐晒蓝 B2RL	三偶氮	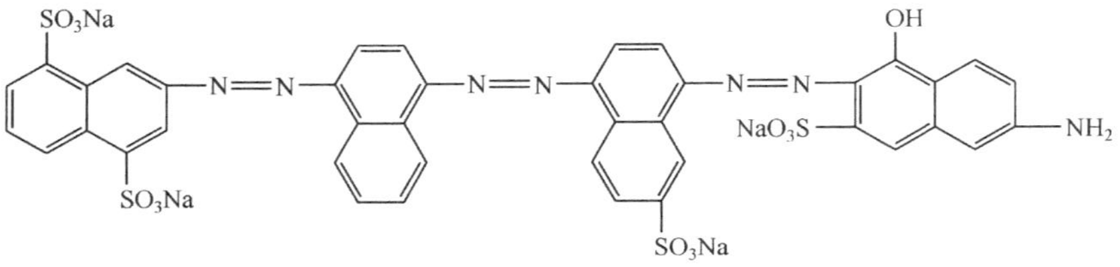	582
直接耐晒黑 GF	四偶氮	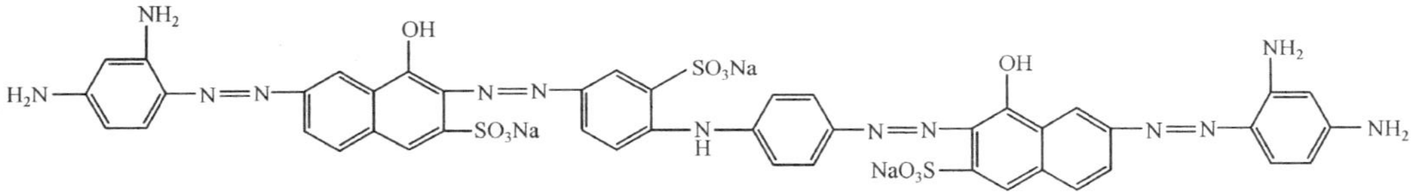	589

醌还原菌悬液制备:将上述醌还原菌群接于生长培养基中,30℃厌氧静置培养至对数生长期,8000r/min,离心10min,弃去上清液,反复用0.1mol/L、pH 7.0的磷酸盐缓冲溶液洗涤3次,最后,将离心后菌体用相同磷酸盐缓冲溶液制成浓度约为10g/L的菌悬液。

共包埋固定化方法如下:

(1) 将1.1g海藻酸钠放入20mL去离子水中,加热溶解后,冷却至室温;

(2) 将上述海藻酸钠-水混合物与同体积的醌还原菌悬液混合后,加入1.0g蒽醌混合,搅拌均匀;

(3) 用注射器将(2)中混合液滴入CaCl₂(5%)溶液中,制成小球。用生理盐水冲洗2次后,置于4℃冰箱中交联4h。

偶氮染料生物脱色:脱色实验在厌氧瓶中进行。在厌氧培养箱中,将共固定化菌球或固定化菌球、葡萄糖、偶氮染料(如表3.2所示)加入到厌氧瓶中,使菌球浓度为120g/L,葡萄糖浓度为0~1.0g/L,偶氮染料浓度为200mg/L。曝氮气后,于30℃厌氧培养箱中静置培养12h。

3.2.1　共固定化蒽醌与醌还原菌群对偶氮染料生物脱色的促进效应

利用扫描电子显微镜(SEM)分析了共包埋固定化固态介体蒽醌与醌还原菌群的形貌特征,如图3.2所示。可见,蒽醌被包埋在固定化小球中,并以晶体结构存在。图3.3给出了共固定化菌球对活性艳红KE-3B的生物脱色特性。结果表明,在12h内固定化菌球(不含蒽醌)对染料KE-3B的脱色率可

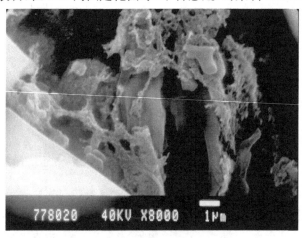

图3.2　共固定化菌球的电镜照片

达到 38.5%;而共固定化菌球在 12h 内脱色率接近于 90%,显示了蒽醌具有良好的促进生物脱色性能。Stolz 等对水溶性醌介体催化生物反应的机理研究表明,在适宜电子供体存在下,氧化还原介体首先被位于细胞膜上的醌还原酶还原为氢醌,后者作为电子供体可以无选择性地还原许多氧化性化合物(化学反应),如卤代以及含偶氮或硝基芳烃等。这种反应可在胞外进行,对于难以进入细胞内的高极性或结构复杂的有毒难降解有机物(如偶氮染料),可显著提高其生物转化速率。非水溶性蒽醌与水溶性醌介体一样,也具有氧化还原活性,其氧化还原电位 E_0 为 $-260mV$ 左右。而研究发现用于偶氮染料生物还原的介体 E_0 通常在 $-50mV\sim-320mV$ 之间。因此,蒽醌可作为氧化还原介体催化偶氮染料生物脱色。

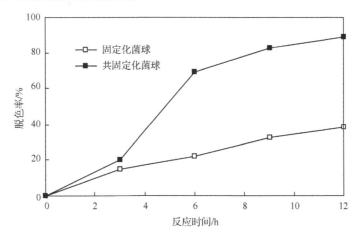

图 3.3 共固定化菌球对活性艳红 KE-3B 的生物脱色

3.2.2 共固定化菌球量对偶氮染料生物脱色的影响

菌球的初始加量同时也决定了菌体和介体的浓度。在活性艳红 KE-3B 初始浓度为 200mg/L,葡萄糖浓度为 500mg/L,pH 为 7,温度为 30℃,反应时间为 12h 的条件下,考察了菌球投加量对活性艳红 KE-3B 脱色的影响(图 3.4)。结果表明,活性艳红 KE-3B 脱色率随着加入菌球量的增加而增大;而菌球投加量达到 120g/L 以上时,对提高活性艳红 KE-3B 脱色没有显著影响。当菌球投加量分别为 120g/L 和 150g/L 时,其在 12h 内的脱色率均可达到 90%左右。由此可见,适宜的菌球投加量为 120g/L。

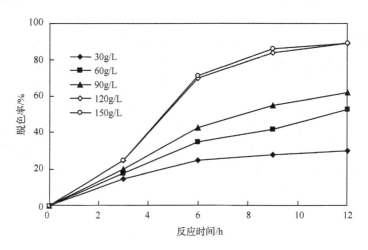

图 3.4　共固定化菌球投加量对活性艳红 KE-3B 脱色的影响

3.2.3　共底物对共固定化菌球脱色偶氮染料的影响

在偶氮染料生物脱色过程中,共底物可提供电子供体还原染料,而且其浓度对厌氧-好氧工艺处理偶氮染料废水的 COD 总去除率以及处理成本均有显著的影响。于是,在活性艳红 KE-3B 初始浓度为 200mg/L,菌球量约为120g/L,pH 为 7,30℃,厌氧反应 12h 的条件下,分别以葡萄糖、蔗糖、淀粉、乳酸钠和乙酸钠为共底物(浓度均为 500mg/L),考察了共底物种类对活性艳红KE-3B 生物脱色的影响。由图 3.5 可知,不同的共底物对活性艳红 KE-3B 的生物脱色影响很大。其中,以葡萄糖为共底物的脱色率最高(约 90%);蔗糖和乳酸钠次之;而以乙酸钠和淀粉为共底物时,其脱色效率较低。

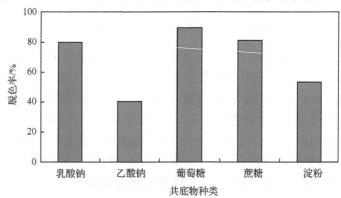

图 3.5　共底物种类对共固定化菌球脱色活性艳红 KE-3B 的影响

共底物葡萄糖的浓度对共固定化菌球脱色活性艳红 KE-3B 的影响如图 3.6 所示。结果表明,活性艳红 KE-3B 脱色率随着葡萄糖浓度的增加而提高;当葡萄糖浓度为 500mg/L 时,其脱色率最高,达到 90.3%。但进一步提高葡萄糖浓度,脱色率下降,其原因可能是高浓度葡萄糖会导致非醌还原菌的过度生长,影响了菌群结构中醌还原微生物的优势度;另外,高浓度葡萄糖也可导致有毒代谢产物的过度积累。

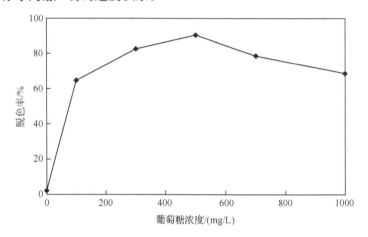

图 3.6　葡萄糖浓度对共固定化菌球脱色活性艳红 KE-3B 的影响

3.2.4　共固定化菌球对不同偶氮染料的生物脱色

实际染料废水中通常含有多种染料,为了考察共固定化介体与菌体体系对促进偶氮染料废水生物脱色的广谱性,选择了酸性、活性和直接偶氮染料等 10 种水溶性染料作为共固定化菌球的目标污染物,如图 3.7 所示。结果表明,在适宜的脱色条件下(偶氮染料浓度为 200mg/L,菌球量约为 120g/L,pH 为 7,30℃,厌氧反应 12h),共固定化菌球对单偶氮和双偶氮染料的脱色率均可达到 90% 以上;对含有多个磺酸基且相对分子质量较大的直接耐晒黑 GF、活性艳红 KE-3B 和直接耐晒蓝 B2RL 的厌氧脱色率也可达到 76% 以上。不同偶氮染料具有不同的生物脱色效率可能是由于它们的分子结构和氧化还原电位的差异所致。与固定化菌球(无蒽醌)相比,共固定化菌球对上述偶氮染料的生物脱色速率约提高 1.3~2.0 倍。Guo 等研究发现,使用固定化蒽醌作为氧化还原介体,可使偶氮染料的脱色速率提高 0.5~1.0 倍。而共固定化技术不仅可使非水溶性介体固定在生物反应器中,而且克服了生物与介体的接触限制,从而进一步提高了其催化活性。由此可见,共固定化介体与菌体能够加速多种结构偶氮染料的厌氧生物脱色,具有较强的广谱性,在实际染料废水处理中有广阔应用前景。

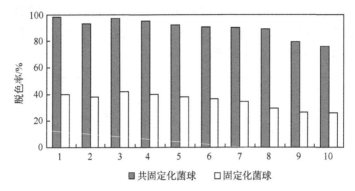

图 3.7 共固定化菌球对不同偶氮染料的生物脱色

1. 酸性红 B;2. 酸性品红 6B;3. 酸性大红 3R;4. 苋菜红;5 活性艳红 X-3B;6. 活性艳红 K-2G;
7. 活性艳红 K-2BP;8. 活性艳红 KE-3B;9. 直接耐晒蓝 B2RL;10. 直接耐晒黑 GF

3.2.5 共固定化菌球的脱色稳定性

为了考察共固定化菌球的实际应用性能,在适宜的脱色条件下(活性艳红 KE-3B 浓度为 200mg/L,菌球量约为 120g/L,pH 为 7,30℃,厌氧反应 12h),共固定化菌球循环使用的脱色效果如图 3.8 所示。可见,共固定化菌球在循环使用 10 次后,对活性艳红 KE-3B 仍然具有良好的脱色效果,脱色率稳定在 85% 左右。共固定化菌球对活性艳红 KE-3B 的典型脱色过程如图 3.9 所示。

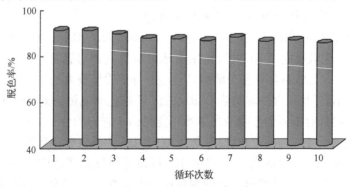

图 3.8 共固定化菌球的脱色稳定性

结果表明,在 513nm 和 538nm 处的吸收峰逐渐降低,说明活性艳红 KE-3B 的偶氮键已经断裂。但随着使用次数的进一步增加,海藻酸钙共固定化菌球的强度有所降低,因此,为了提高共固定化菌球的耐冲击能力,需要选择性能更好的固定化载体。

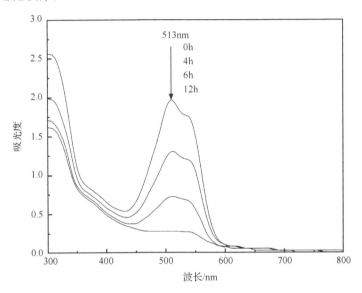

图 3.9　共固定化菌球脱色活性艳红 KE-3B 的紫外-可见波谱

3.3　共包埋介体与菌体强化偶氮染料同步脱色与矿化

　　由上述菌球稳定性实验可知,海藻酸钙共固定化菌球的强度会随着循环使用次数的增加而有所降低,因此,选择了海藻酸钠-聚乙烯醇(PVA)作为共固定化载体。其中 PVA 可提高菌球强度,海藻酸钠可有效地防止交联初期菌球之间的积聚成团,从而形成传质性能和机械强度俱佳的共固定化菌球,以提高其催化稳定性和耐冲击能力。

　　在一定的好氧条件下,共固定化菌球内溶解氧分布存在差异(内层缺氧、外层好氧)。偶氮染料脱色主要在内层进行;而脱色产物芳香胺可在外层进行矿化。另外,由于共固定化菌球内溶解氧与芳香胺的异向传质特性(芳香胺浓度内层高、外层低;而溶解氧则相反),因此,对于形成自氧化性芳香胺的偶氮染料,可被共固定化菌球完全降解;而采用普通的 A/O 工艺处理则会在好氧生物反应器中形成更难降解的自氧化产物,从而导致出水色度和 COD 增加。

本节以形成自氧化性芳香胺的偶氮染料酸性橙 7 为目标污染物,考察了共固定化菌球对其脱色及降解特性。

以高效醌还原菌群＋芳香胺降解污泥作为菌体,以蒽醌作为固态介体,二者的共固定化方法如下:

(1) 称取 5g 经离心和洗涤后的醌还原菌群＋苯胺驯化污泥(1∶4 *w/w*);取 5mL 0.09％ NaCl 溶液,并与污泥充分混合;

(2) 制备 0.1g/mL 的聚乙烯醇和 0.01g/mL 的海藻酸钠混合溶液,加热溶解,取 12.5mL;

(3) 将上述两种溶液混合,并搅拌均匀;

(4) 称取一定量的蒽醌粉末,加入到(3)溶液中,然后搅拌均匀;

(5) 用内径 0.4mm 的注射器吸取(4)溶液,将其滴加到冷却的饱和硼酸与 0.01g/mL CaCl₂ 的混合溶液中,使其形成约直径 2mm 的小球。然后将制备的 PVA-海藻酸钠小球置于饱和硼酸与 0.01g/mL CaCl₂ 的混合溶液中交联 24h,再置于生理盐水中,于 4℃冰箱中备用。

共固定化菌球好氧降解偶氮染料:将制备好的 PVA-海藻酸钠小球从冰箱中取出,用去离子水冲洗两遍。称取适量的菌球于 100mL 的锥形瓶中,加入适量的葡萄糖、酸性橙 7 和无机盐培养基,然后用去离子水补齐至 50mL,使最终菌体浓度为 10g/L,蒽醌浓度为 0.5g/L,染料浓度为 100mg/L。将锥形瓶塞上棉塞,置于 30℃水浴摇床中进行偶氮染料的脱色和降解。

3.3.1　好氧条件下共固定化菌球对酸性橙 7 的脱色性能

以无蒽醌的固定化菌球为对照,在好氧条件下(100 r/min,葡萄糖浓度为 100mg/L),考察了 PVA-海藻酸钠包埋菌球对酸性橙 7 的脱色性能,如图 3.10所示。结果表明,加有蒽醌的共固定化菌球对酸性橙 7 的脱色速率明显高于不加蒽醌的固定化菌球,在 12h 内,前者脱色率可达 96.3％,比对照提高了 20％以上。在适宜的好氧条件下,菌球内可形成氧浓度梯度,生物脱色可在其内层进行;同时也说明蒽醌粉末在菌球中可作为介体促进偶氮染料脱色。

3.3.2　好氧条件下共固定化菌球对酸性橙 7 的降解性能

1. 电子供体浓度对共固定化菌球降解酸性橙 7 的影响

葡萄糖可为偶氮染料生物脱色提供电子供体,同时其浓度对脱色产物的

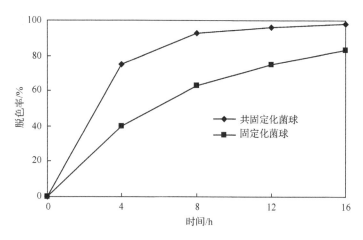

图 3.10　好氧条件下共固定化菌球对酸性橙 7 的脱色

COD 去除率也有显著的影响。在好氧条件下(100r/min),葡萄糖浓度对共固定化菌球降解酸性橙 7 的影响如图 3.11 所示。可见,当葡萄糖浓度为100～150mg/L 时,既不影响共固定化菌球对酸性橙 7 的脱色,同时脱色产物又不断被生物降解。在 24h 内,进水 COD 去除 78.9％;48h 时,COD 去除率可达90％。葡萄糖浓度过低,则电子供体不足,影响染料脱色,进而影响其矿化;而葡萄糖浓度过高,则不利于脱色产物的矿化。

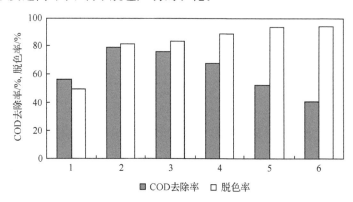

图 3.11　好氧条件下共固定化菌球降解酸性橙 7

1.50mg/L; 2.100mg/L; 3.150mg/L; 4.200mg/L; 5.300mg/L; 6.500mg/L

2. 摇床转数对共固定化菌球降解酸性橙 7 的影响

图 3.12 显示了在好氧条件下(染料浓度为 100mg/L,葡萄糖浓度为 100mg/L),摇床转数对共固定化菌球降解酸性橙 7 的影响。结果表明,摇床转数对进水 COD 的去除率有明显影响,提高摇床转数有利于好氧反应的进行,促进脱色产物矿化。但当转数达到 200r/min 时,酸性橙 7 脱色率仅能达到 40% 左右,从而导致 COD 去除率降低。而转数为 150r/min 时,酸性橙 7 在 24h 内可以脱色约 90%,同时 COD 去除率可达到 86% 左右;进一步延长作用时间,COD 去除率缓慢增加。摇床转数过高不利于营造共固定化菌球的内层厌氧环境,而且可促进酸性橙 7 脱色产物的自氧化聚合反应,形成更难降解的有机物,不利于其进一步矿化。

综上,共包埋菌体与非水溶性介体技术为强化偶氮染料(尤其是形成自氧化性芳香胺的偶氮染料)的同步脱色与矿化提供了一条新途径。

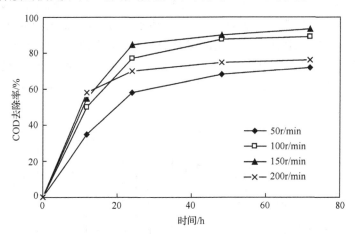

图 3.12　摇床转数对共固定化菌球去除 COD 的影响

3.4　膜反应器共固定化介体与菌体强化偶氮染料脱色

在膜生物反应器(MBR)中加入非水溶性介体,通过分离膜的作用将介体与菌体截留在同一反应器中,实现介体与菌体的共固定化。

采用一体式膜反应器。反应器材质为有机玻璃,有效容积为 10L;膜组件为聚丙烯材质的中空纤维微滤膜,孔径为 $0.2\mu m$,有效过滤面积为 $0.2m^2$,如

图 3.13 所示。进水组成为：NH_4Cl，1.0g/L；KH_2PO_4，0.5g/L；K_2HPO_4，0.6g/L；$MgCl_2 \cdot 6H_2O$，0.2g/L；$CaCl_2 \cdot 2H_2O$，0.05g/L；活性艳红 KE-3B，0.2~0.5g/L；葡萄糖，0.6g/L；pH，7.0。接种污泥浓度为 3.5g/L；选择蒽醌作为非水溶性介体，加入污泥中蒽醌的浓度为 0.5g/L。

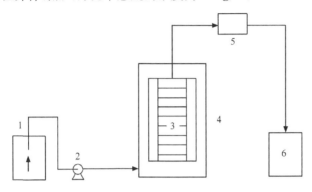

图 3.13 共固定化介体与菌体的膜反应器示意图
1. 进水槽；2. 进水泵；3. 膜组件；4. 膜反应器；5. 蠕动泵；6. 出水槽

　　人工配水通过进水泵从底部送入生物反应器；膜出水在蠕动泵的负压抽吸作用下排出，每个抽吸周期为 10min，即抽吸 8min、停 2min。反应器启动时，先以间歇方式运行。当活性艳红 KE-3B 脱色率约达到 80% 时，反应器开始连续运行。反应器运行期间，内设搅拌，不排泥。温控仪保持温度在（28±1）℃，溶解氧<0.5mg/L，启动完成后水力停留时间为 24h。以不加入蒽醌的膜反应器为对照。结果如图 3.14 所示。可见，膜生物反应器污泥中蒽醌的加入可明显提高活性艳红 KE-3B 脱色的启动速度；在水力停留时间 24h 的条件下，活性艳红 KE-3B 脱色率可稳定在 90% 以上。而未加蒽醌的膜生物反应器则启动较慢，达到稳定脱色的时间比加入蒽醌的膜生物反应器增加了 2 倍，而且稳定运行后活性艳红 KE-3B 的脱色率在 75%~80%。

　　另外，蒽醌强化的膜生物反应器抗冲击负荷能力也明显优于普通膜生物反应器，当进水活性艳红 KE-3B 浓度由 200mg/L 提高至 500mg/L 时，前者 3 天内其脱色率即可达到 90% 以上，并能够在该水平上稳定运行；而普通膜生物反应器的脱色性能则需要 12 天才能达到冲击前水平。

　　由图 3.15 可见，在加入蒽醌的膜生物反应器中，污泥与蒽醌已形成复合体固定在反应器中，其有利于蒽醌在生物反应器中发挥氧化还原介体的作用，从而提高偶氮染料的生物脱色性能。

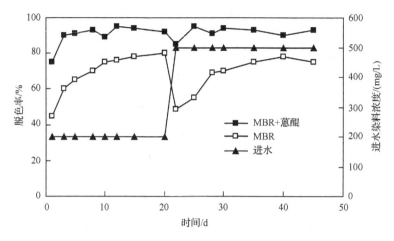

图 3.14　膜反应器共固定化介体与菌体脱色活性艳红 KE-3B 的性能

图 3.15　膜生物反应器中的污泥-蒽醌复合体

因此,膜生物反应器对于介体与菌体的共固定化具有明显的技术优势,在强化难降解有机废水厌氧处理中展示了良好的应用前景。

第4章　醌改性生物载体强化污染物生物还原

研究表明，一些醌类化合物作为介体可加速电子在电子供体与受体之间的传递，从而使氧化性污染物的厌氧还原效率得以大幅度提高。其中，蒽醌-2,6-二磺酸（AQDS）和蒽醌 2-磺酸（AQS）因其具有较高的催化活性以及可被多种微生物所还原，而被广泛应用于强化难降解污染物的生物还原研究中。但其弊端是 AQDS 或 AQS 会随出水而流失，造成二次污染。因此，理想的对策之一是将这些水溶性介体共价固定于适宜生物载体上，并保持其高催化活性。醌改性后的生物载体同时具有吸附和催化性能，即催化型载体。

将催化型载体加入污染物厌氧处理系统，则形成悬浮态和固着态微生物共存的厌氧复合处理体系。它具有生物量高、运行稳定、处理能力及抗冲击负荷能力强、有利于传统污泥工艺升级等优势。

4.1　醌改性活性炭纤维强化污染物生物还原

随着对炭素材料的深入研究和生物膜法水处理技术的发展，逐渐发现活性炭纤维（ACF）可作为一种具有良好生物相容性、可快速固着细胞、使用性能优异的新型生物载体。

为了将具有良好催化活性的 AQDS 固定到 ACF 上，利用电聚合-掺杂技术，以 AQDS 为掺杂剂，以聚吡咯（PPy）为母体，ACF 为基体材料，制备了一种具有良好生物相容性的固定化氧化还原介体，亦可作为催化型生物载体，AQDS/PPy/ACF[53]。本节考察了 AQDS/PPy/ACF 用于催化强化有机污染物生物还原的可行性及其作用机理。

4.1.1　AQDS/PPy/ACF 的制备

AQDS/PPy/ACF 的制备是在一个典型的三电极、隔膜式 H 形电解槽内完成的。工作电极为 ACF（2cm×2cm）；辅助电极为铂片（1cm×1cm）；参比电极为饱和甘汞电极，通过盐桥及鲁金毛细管与工作电极室连接。通过恒电位/恒电流仪控制工作电极电位或电流密度。工作电极室内填充 0.024mol/L AQDS 与 0.1mol/L 吡咯单体混合液或 0.1mol/L Na_2SO_4 与 0.1mol/L 吡咯单体混合液；辅助电极室内填充 0.1mol/L H_2SO_4，两室之间通过阳离子交换膜相连。室温下采用恒电流法制备 AQDS/PPy/ACF，电流密度约为 1.8mA/cm^2，聚合时间为 60min。AQDS/PPy/ACF 保存在充高纯氮的蒸馏水中。对于 AQDS/PPy/Pt 的制备，工作电极为 Pt(2cm×2cm)，其他条件同上。电聚合固定化 AQDS 如图 4.1 所示。

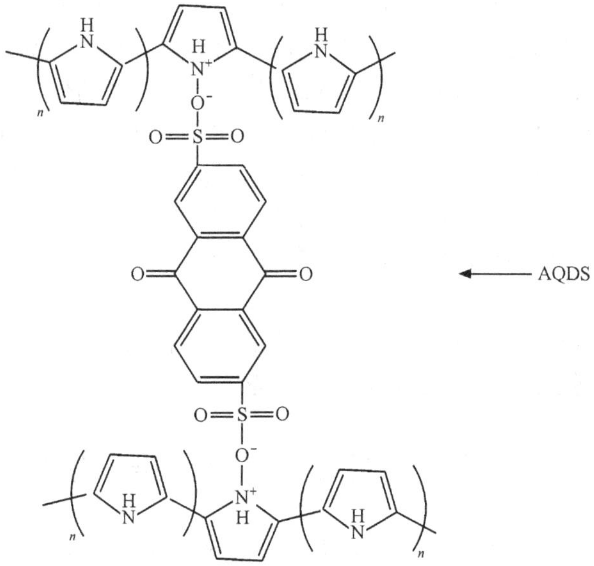

图 4.1　电聚合固定化 AQDS 示意图

4.1.2　AQDS/PPy/ACF 的表征

1. 红外光谱

图 4.2 给出了 AQDS/PPy/ACF、Na_2SO_4/PPy/ACF 以及 ACF、AQDS 的傅里叶变换红外光谱图。可以看出，在 AQDS 以及 AQDS/PPy/ACF 的谱图中，1669cm^{-1} 处出现强烈的特征吸收峰，而在 Na_2SO_4/PPy/ACF 的谱图中未出现。另外，1290cm^{-1} 和 1160cm^{-1} 左右的特征吸收峰则与磺酸基相对应，表明蒽醌-2,6-二磺酸根阴离子已掺杂到聚吡咯中。

另外，AQDS/PPy/ACF、Na_2SO_4/PPy/ACF 分别在 1296cm^{-1} 和 1291cm^{-1} 产生了明显的吸收峰，这是 S＝O 与吡咯环伸缩振动耦合的结果；在 1170cm^{-1} 和 1157cm^{-1} 出现的强吸收峰则进一步证实了 S＝O 基团的存在。

1540cm^{-1}以及 1450cm^{-1}左右的吸收峰对应的分别是吡咯环的 C ═C 伸缩振动和 C—N 伸缩振动。而且,在 1030cm^{-1}附近出现了属于 C—H 和 N—H 面内变形振动的强吸收峰;在 960cm^{-1}和 780cm^{-1}处也出现了属于 C—H 面外变形振动的特征吸收峰。上述结果表明了吡咯在 ACF 电极基体材料上发生了聚合,而且 AQDS 已掺杂到 PPy/ACF 中。

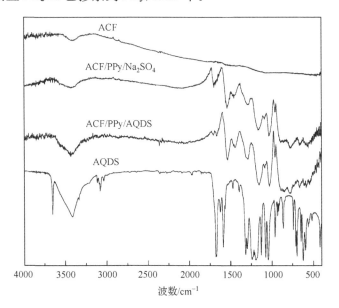

ACF
ACF/PPy/Na$_2$SO$_4$
ACF/PPy/AQDS
AQDS

波数/cm^{-1}

图 4.2　AQDS/PPy/ACF 等的傅里叶变换红外光谱图[53]

2. 元素分析

通常,对于单价对阴离子,掺杂度往往保持在 0.25～0.33 之间,即平均每 4 个或 3 个吡咯环上带有一个阴离子,而对于二价或高价对阴离子往往可能是 6 个或 9 个甚至更多个吡咯分子对应一个阴离子。AQDS/PPy 的元素分析如表 4.1 所示。可见,吡咯与对阴离子的摩尔比是 6∶1。这与文献报道的二价对阴离子掺杂结果相吻合。

3. 表面形貌特征

基体材料的表面特性对吡咯聚合过程以及聚合难易程度具有较大影响,从而导致了不同的表面形貌特征。由 AQDS/PPy/ACF 和 AQDS/PPy/Pt 的扫描电镜图(图 4.3)可以看出,Pt 电极上形成的聚吡咯生长不均匀,具有"菜

表 4.1　AQDS/PPy 的元素分析[53]

样　品	元素	元素含量/%	吡咯与对阴离子的摩尔比
AQDS/PPy	C	52.380	~6∶1
	H	3.910	
	N	9.705	
	O	26.546	
	S	7.459	

花"状结构[图 4.3(a)]。这可能是由 Pt 电极上吡咯膜形成机制所决定的,即吡咯开始聚合时先成核,随后沿着核的周围向二维、三维生长,形成了聚合速度较快的某些突起。它们具有较大的局部电流密度,又进一步加速了聚吡咯膜在这些突起上的生长,最终形成了这种不均匀的"菜花状"形貌。而 ACF 上形成的聚吡咯则呈现"微球"状[图 4.3(b)]。聚吡咯"微球"初始时形成错落有致且较为均匀的分布状态,这主要归因于 ACF 相互交错的空间立体结构以及 ACF 表面粗糙、吸附性好、成核活性位点较多。随着聚合时间的延长,聚吡咯"微球"逐渐增多,并相互衔接,最终整体致密地覆盖在 ACF 表面。另外,吡咯在 ACF 横断面的聚合亦十分明显[图 4.3(c)],而且类似于尖端放电现象。由此可见,吡咯在 ACF 上更容易发生聚合,且可形成具有较大比表面积的聚吡咯复合材料。

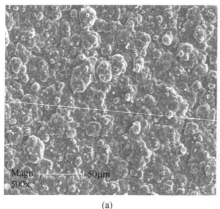

(a)

(b)

(c)

图 4.3　AQDS/PPy/ACF 和 AQDS/PPy/Pt 的 SEM 照片

(a)AQDS/PPy/Pt；(b) AQDS/PPy/ACF；(c) AQDS/PPy/ACF 断面

4.1.3　AQDS/PPy/ACF 催化强化难降解有机物生物还原

AQDS/PPy/ACF 对醌还原菌群厌氧转化 2,6-二硝基甲苯(2,6-DNT)的影响如图 4.4 所示。在无菌体存在下,只有少量 2,6-DNT(<5%)被降解,表明 AQDS/PPy/ACF 对 2,6-DNT 的吸附作用可以忽略。菌群对 2,6-DNT 的生物还原速率较为缓慢,而且 Na_2SO_4/PPy/ACF 的存在对其影响不大,这说明 Na_2SO_4/PPy/ACF 无催化活性;而加入 AQDS/PPy/ACF 可使菌群对 2,6-DNT 的生物还原速率明显提高。在有、无 AQDS/PPy/ACF 存在条件下,2,6-DNT 生物还原的一级动力学速率常数分别为 $0.828d^{-1}$ 和 $0.0172d^{-1}$,前者约是后者的 5 倍。

通过循环伏安分析,发现 AQDS/PPy/Pt 在 $-0.24V$ 和 $-0.49V$ 处具有一对明显的氧化还原峰,其对应的是掺杂 AQDS 的氧化还原峰。结合上述实验结果,表明固态 AQDS/PPy/ACF 中掺杂的 AQDS 是其催化活性中心,与水溶性 AQDS 一样,具有氧化还原活性,在 2,6-DNT 的生物转化体系中可发挥高效催化作用,从而使 2,6-DNT 的厌氧生物转化速率大幅提高。

在酸性和中性条件下,聚吡咯通常是以质子化的氧化态形式存在;而在强碱性条件下,质子化吡咯因受到 OH^- 作用而易被中和,使聚吡咯链去质子化(还原态形式)。在该状态下,部分对阴离子会离开聚吡咯链,即发生对阴离子的脱掺杂现象,从而影响 AQDS/PPy/ACF 的催化稳定性。于是,在 pH=9

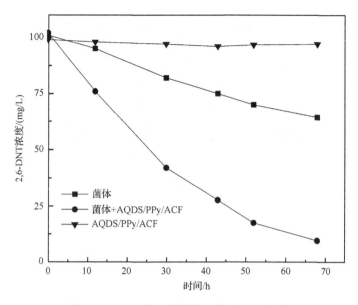

图 4.4　AQDS/PPy/ACF 对 2,6-DNT 生物转化的影响

条件下,考察了 AQDS/PPy/ACF 的生物催化性能。结果发现,在连续多次使用过程中,2,6-DNT 厌氧转化速率几乎保持恒定,表明以 AQDS 为掺杂剂的聚吡咯由于对阴离子体积较大,AQDS 不易发生脱掺杂,故具有很强的抗碱能力。因此,AQDS/PPy/ACF 在较大 pH 范围内所表现出来的催化稳定性,使其在水质波动较大的实际污水处理中具有潜在的应用前景。

　　通常认为,在厌氧生物转化体系中,二硝基甲苯先通过亚硝基硝基甲苯转化成氨基硝基甲苯,后者再进一步转化成二氨基甲苯。为了明确 2,6-DNT 在催化型生物载体转化体系中的归趋,采用气相色谱/质谱(GC/MS)联用仪对 AQDS/PPy/ACF 存在下 2,6-DNT 的生物还原产物进行了鉴定。在总离子流图中共出现了停留时间分别为 13.087min、14.081min 和 15.304min 的 3 个峰,其相应的质谱如图 4.5 所示。根据质谱图确定对应的化合物分别为 2,6-二氨基甲苯(2,6-DAT)、2,6-二硝基甲苯(2,6-DNT)和 2-氨基-6-硝基甲苯(2-A-6-NT)。而且 2,6-DNT 的减少总是伴随着相应氨基硝基甲苯的累积(图 4.6)。2-A-6-NT 只有在 2,6-DNT 完全转化后才被快速还原,这可能是由于二硝基甲苯比氨基硝基甲苯具有电子供体竞争优势。由此可见,在 AQDS/PPy/ACF 存在下,2,6-DNT 首先被生物还原为中间产物 2-A-6-NT,后者再被还原为终产物 2,6-DAT。即 AQDS/PPy/ACF 起催化剂的作用,加快了电子由葡萄糖到 2,6-DNT 的传递速度,使 2,6-DNT 的生物还原速率得以提高。

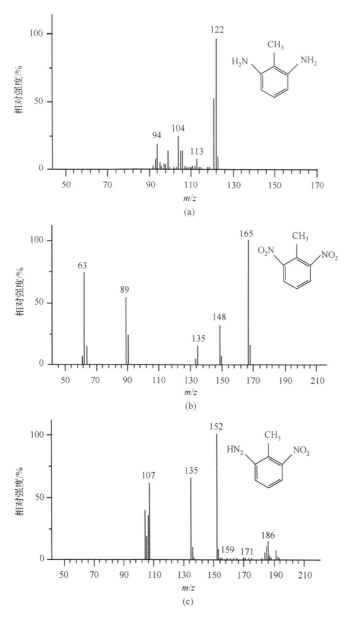

图 4.5　2,6-DNT 及其降解产物的质谱图

(a) 二氨基甲苯;(b) 二硝基甲苯;(c) 氨基硝基甲苯

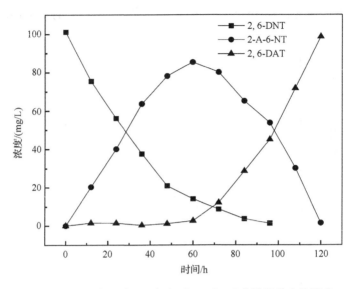

图 4.6　AQDS/PPy/ACF 存在下 2,6-DNT 去除及其产物形成

　　另外,在 AQDS/PPy/ACF 重复使用过程中发现 2,6-DNT 的厌氧转化率基本上稳定在 90% 左右,说明 AQDS/PPy/ACF 对 2,6-DNT 具有良好的生物催化稳定性。而对于 AQDS/PPy/Pt 存在的体系,2,6-DNT 的厌氧转化率仅为 60%~70%,而且当重复使用第 3 次时,Pt 片上的聚吡咯已经完全从基体材料上剥落。这主要是聚吡咯与不同基体材料之间黏附性的差异所致。另外,ACF 是由活性炭纤维以一定的空间间距相互交错组成,具有典型的三维结构。沉积在 ACF 表面的聚吡咯也呈现出一定的空间分布,相邻聚合物之间具有较大的空间,有利于细菌与其相互接触,使更多的 AQDS 可被生物还原,从而使 AQDS/PPy/ACF 具有更高的生物催化活性。

　　适宜的菌群结构和功能是反应体系维持污染物高效厌氧转化效率的前提,而且解析菌群的动态变化有助于阐明 AQDS/PPy/ACF 的催化强化作用机制。对初始菌群以及多次循环体系菌群的 RIS 片段切胶回收后克隆,将随机挑选的 20 个阳性克隆进行测序,然后与已知的 16S rRNA 基因序列进行同源性比对。结果如表 4.2 所示。可见,初始醌还原菌群主要包括乳杆菌目(Lactobacillales)(65%)、肠杆菌目(Enterobacteriales)(30%)和拟杆菌目(Bacteroidales)(5%)。在 AQDS/PPy/ACF 及二硝基甲苯存在下,多次循环体系菌群结构一些变化,其中包括 Enterobacteriales(55%)、Pseudomonadales(20%)、Lactobacillales(15%)、Burkholderiales(5%)、Bacteroidales

（5％）。但初始醌还原菌群中的三个目在该体系中占 75％，高效 AQDS 还原菌仍然占优势地位，并且在硝基芳香化合物的厌氧转化过程中发挥了重要作用。相对而言，在 ACF/PPy/AQDS 催化强化体系中，Lactobacillales 的丰度有所下降，而 Enterobacteriales 的丰度却有所提高。一些研究结果表明，肠杆菌目的一些细菌，如克雷伯氏菌（Klebsiella）和肠杆菌（Enterobacter）等，在厌氧条件下具有较高的还原硝基芳香化合物的能力；而且在大肠杆菌（Escherichia coli）中，醌还原酶与硝基还原酶被认为是同一种酶。另外，也有研究表明，假单胞菌（Pseudomonas）和无色杆菌（属于 Burkholderiales）既能降解硝基芳香化合物，又具有 AQDS 还原活性。因此，可能是 2,6-DNT 的存在促进了这些细菌的生长和代谢活性，使菌群结构发生变化，从而提高了醌介体催化强化 2,6-DNT 生物转化性能。

表 4.2　阳性克隆测序结果

克隆名称	最相似菌属	克隆名称	最相似菌属
1-1	Enterobacter aerogenes	3-1	Klebsiella
1-2	Klebsiella	3-2	Trichococcus flocculiformis
1-3	Klebsiella	3-3	Enterobacter aerogenes
1-4	Lactococcus	3-4	Pseudomonas aeruginosa
1-5	Klebsiella	3-5	Pseudomonas
1-6	Trichococcus flocculiformis	3-6	Klebsiella
1-7	Trichococcus flocculiformis	3-7	Klebsiella
1-8	Trichococcus flocculiformis	3-8	Lactococcus
1-9	Klebsiella	3-9	Pseudomonas chlororaphis
1-10	Trichococcus flocculiformis	3-10	Citrobacter freundii
1-11	Lactococcus	3-11	Klebsiella
1-12	Trichococcus flocculiformis	3-12	Pseudomonas syringae
1-13	Trichococcus flocculiformis	3-13	Achromobacter xylosoxidans
1-14	Trichococcus flocculiformis	3-14	Lactococcus
1-15	Trichococcus flocculiformis	3-15	Enterobacter aerogenes
1-16	Klebsiella	3-16	Klebsiella
1-17	Lactococcus	3-17	Klebsiella
1-18	Trichococcus flocculiformis	3-18	Klebsiella
1-19	Dysgonomonas wimpennvi	3-19	Bacteroides
1-20	Lactosphaera pasteurii	3-20	Citrobacter freundii

同样，AQDS/PPy/ACF 也可明显提高其他硝基芳烃的生物还原速率，如硝基苯、2,4-DNT 等。另外，AQDS/PPy/ACF 也可用于促进偶氮染料生物脱色，表明 AQDS/PPy/ACF 催化强化难降解有机物生物还原具有较强广谱性。表 4.3 列出了一些难降解有机物在 AQDS/PPy/ACF 存在下的生物还原速率常数。可见，AQDS/PPy/ACF 普遍使反应速率常数提高 2~5 倍，显示了 AQDS/PPy/ACF 在难降解有机物处理中具有的技术优势。

表 4.3　AQDS/PPy/ACF 存在下难降解有机物的生物还原速率常数

化合物	速率常数 k/h （无 AQDS/PPy/ACF）	速率常数 k/h （有 AQDS/PPy/ACF）
硝基苯	0.0057	0.0290
2,4-DNT	0.0079	0.0449
2,6-DNT	0.0072	0.0345
活性艳红 KE-3B	0.078	0.252
活性艳红 X-3B	0.075	0.260
活性艳红 K-2G	0.068	0.251
酸性大红 GR	0.096	0.259
酸性大红 3R	0.104	0.282
酸性品红 6B	0.092	0.257
直接耐晒蓝 B2RL	0.060	0.215
直接耐晒黑 GF	0.058	0.205

van der Zee 等曾提出使用活性炭作为一种固态氧化还原介体的想法，并应用于偶氮染料废水的处理研究[30]。UASB 反应器中的连续运行结果表明，偶氮染料厌氧脱色效率约提高 1 倍左右。于是，他们指出活性炭可作为氧化还原介体提高偶氮染料的处理效率；同时也通过间歇实验证明了活性炭可被生物所还原，并推测活性炭上的表面含氧官能团——醌/羰基是催化活性基团。事实上，活性炭接受电子的能力不仅比小分子化合物 AQDS 低得多（前者约为后者的 1/6），而且能被菌体所利用的活性炭表面的醌/羰基含量也极为有限。这是因为菌体较大（$>0.2\mu m$），通常仅能在活性炭大孔内繁殖，故仅能利用位于活性炭外表面的含氧官能团；而且研究表明活性炭上的表面含氧官能团主要位于微孔处（直径<2nm）。这说明活性炭中能够被菌体所利用的醌/羰基很少。我们也曾采用通过活性炭气相氧化改性方法提高了活性炭的醌/羰基含量（350℃条件下改性），但实验结果却发现，改性后的活性炭对生物

还原性能增效甚微。孔径分布结果发现，通过气相改性可产生更多的微孔和中孔，对活性炭的总体孔径分布影响不大。另外，Mezohegyi 等也考察了 5 种改性活性炭对偶氮染料生物脱色的影响。结果发现，活性炭中醌/羧基含量对生物脱色速率影响不明显，而其比表面积却影响很大，并与脱色速率呈正比[31]。

与活性炭相比较，采用电聚合-掺杂技术将 AQDS 固定于 ACF 上，可充分利用 AQDS 作为氧化还原介体的高效催化性能，其效率远高于作为固态氧化还原介体的活性炭。加之 AQDS 还原菌的广泛存在，可以预见 AQDS/PPy/ACF 将具有明显的应用价值。

4.2 醌改性聚氨酯泡沫强化污染物生物还原

生物载体聚氨酯泡沫(PUF)是一种有机高分子材料，具有大孔网状结构，比表面积高，并带有羟基等基团，可有效固定微生物。其机械强度远高于海藻酸钙小球，并抗生物降解，在环保领域中的应用正受到广泛关注。为此，选用聚氨酯泡沫为载体，采用化学方法将具有良好催化活性的蒽醌-2-磺酸(AQS)共价固定到聚氨酯泡沫上，制备了醌改性聚氨酯泡沫，并研究了固定化醌催化偶氮染料生物脱色的特性及长期使用性能[55]。

4.2.1 醌改性聚氨酯泡沫的制备

在带有搅拌器的烧瓶中先加入 2mol/L NaOH(50mL)和二乙烯三胺(50mL)，再加入 5 块 PUF(每块的质量约为 0.14g)，30℃下搅拌反应，反应结束后取出胺化 PUF，用蒸馏水冲洗干净，烘干。然后在另一带有搅拌器的烧瓶中，加入 5 块胺化 PUF、2mmol/L NaOH(100mL)以及 0.077g 蒽醌-2-磺酰氯(ASC，溶在 25mL 二氯甲烷中)，在 30℃搅拌条件下反应 60min。取出聚氨酯泡沫后用蒸馏水洗净，烘干得到醌改性聚氨酯泡沫(Q-PUF)。整个制备过程分三步(图 4.7)。

4.2.2 醌改性聚氨酯泡沫的表征

1. 红外光谱

图 4.8 给出了聚氨酯泡沫、胺化聚氨酯泡沫及醌改性聚氨酯泡沫的傅里叶变换红外光谱图。可以看出，原始聚氨酯泡沫在 3280cm^{-1}处有吸收，表明

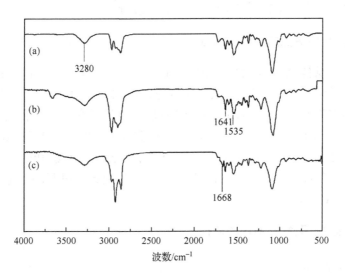

图 4.7　醌改性聚氨酯泡沫的制备示意图

(a)ASC 合成；(b)PUF 胺化；(c)醌共价固定

图 4.8　不同聚氨酯泡沫的红外光谱图

(a)PUF；(b)胺化 PUF；(c)Q-PUF

其含有羟基。与聚氨酯泡沫相比,胺化后的聚氨酯泡沫在 3280cm^{-1} 处的吸收峰更强,而且在 1641cm^{-1} 和 1535cm^{-1}(酰亚胺—NH 上的 H 变形振动)的吸收峰也有所增强,表明胺化反应后,聚氨酯泡沫上还有伯胺基。对于醌改性聚氨酯泡沫,在 1668cm^{-1} 处出现了醌式结构的特征峰(聚氨酯泡沫和胺化聚氨酯泡沫均未出现),表明了 AQS 已被固定在聚氨酯泡沫上。另外,从扫描电镜图片中也可看出,经过醌固定化反应后,聚氨酯泡沫的空间结构并没有发生改变。

2. 元素分析

聚氨酯泡沫与醌改性聚氨酯泡沫的元素分析结果如表 4.4 所示。在优化的改性条件下,醌改性聚氨酯泡沫上固定的 AQS 约为 0.1mmol/g PUF。

表 4.4　聚氨酯泡沫的元素分析

样品名称	元素	元素含量/%	S元素增量 /(mmol/gPUF)	AQS 固定量 /(mmol/gPUF)
PUF	C	55.59		
	H	8.356		
	N	4.951	—	—
	S	0.581		
Q-PUF	C	56.98		
	H	7.878		
	N	4.968	0.097	0.097
	S	0.890		

4.2.3　醌改性聚氨酯泡沫催化强化偶氮染料厌氧生物脱色

1. 醌改性聚氨酯泡沫强化偶氮染料生物脱色特性

在适宜条件下(0.1mmol/L 苋菜红、2g/L 葡萄糖、菌体初始浓度为 0.15g/L 左右、固定 AQS 浓度为 0.4mmol/L、初始 pH 为 8.0),苋菜红厌氧生物脱色过程如图 4.9 所示。可以看出,当反应体系只加入未改性 PUF 时,18h 后苋菜红的脱色率<5%,故 PUF 的吸附作用可以忽略。AQS 介导的苋菜红脱色过程遵循一级反应动力学($v=0.71S-8.6, R=0.99$);而 Q-PUF 介导的苋菜红脱色过程遵循二级反应动力学($v=0.0011S^2+0.73S-8.9, R=0.99$)(图 4.10)。对于 Q-PUF 反应体系,在初始反应 4h 内,出现了很短的

延滞期,推测菌体需要一定时间与固定在泡沫上的 AQS 接触;反应 4h 后,苋菜红浓度迅速降低,此时其脱色速率(K_1＝0.73h^{-1})与溶解态 AQS 介导的脱色速率(K_1＝0.71h^{-1})相当。而且,在整个反应过程中,Q-PUF 介导的苋菜红脱色平均速率比无 AQS 时提高了约 5 倍。上述结果表明,AQS 固定化方法是有效的,并且固定后的 AQS 是活性组分。

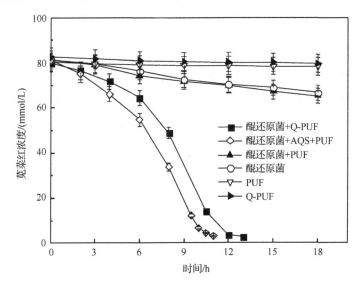

图 4.9　醌改性 PUF 对苋菜红厌氧生物脱色的影响

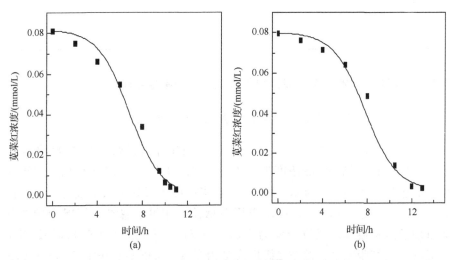

图 4.10　苋菜红生物脱色的拟合曲线
(a) AQS;(b) Q-PUF

苋菜红脱色后,采用扫描电镜分析了醌改性聚氨酯泡沫,发现大量菌体附着在聚氨酯泡沫上,并且聚氨酯泡沫的孔状结构远远大于细胞尺寸。这表明了固定化细胞能够更加有效地还原固定化醌,并且由于聚氨酯泡沫的大孔结构,还原后的醌也能够将电子传递给苋菜红,使其还原。

醌改性聚氨酯泡沫能够明显提高多种偶氮染料的厌氧脱色速率(图 4.11)。Q-PUF 使酸性大红 GR、酸性红 B、活性艳红 X-3B、直接耐晒黑 GF、活性艳红 KE-7B、酸性大红 3R、酸性金黄 G 和酸性品红 6B 的脱色速率分别提高了 4 倍、1.5 倍、3 倍、4 倍、3 倍、3 倍、2 倍和 1.5 倍。Q-PUF 对不同染料的介导脱色性能具有较大影响:①相对于结构复杂的偶氮染料,结构简单的较易降解;②多偶氮染料脱色速率慢于单偶氮染料,可能是由于偶氮键增多导致了分子复杂程度和相对分子质量增加所致;③具有 C/N 杂环结构的偶氮染料,因其存在一定的空间位阻,故脱色速率相对较小。实验结果还表明,在无氧化还原介体存在的情况下,菌群对所有染料也均具有一定的脱色活性,其中酸性染料的脱色效率普遍要高于活性偶氮染料,其原因可能是酸性染料的氧化还原电位一般比活性偶氮染料高,因此前者具有略强的接受电子能力。另外,还可能是由于酸性偶氮染料的本身化学结构所致,许多酸性偶氮染料在

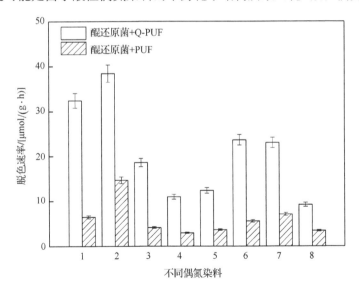

图 4.11　Q-PUF 对不同偶氮染料的厌氧生物脱色

1~8 分别为:酸性大红 GR、酸性红 B、活性艳红 X-3B、直接耐晒黑 GF、
活性艳红 KE-7B、酸性大红 3R、酸性金黄 G、酸性品红 6B

还原脱色过程中可形成催化性的反应产物,从而加速了其生物脱色速率(即自催化作用)。

2. 醌改性聚氨酯泡沫的催化稳定性

在适宜条件下(苋菜红浓度 0.1mmol/L、葡萄糖浓度 2.0g/L、菌体初始浓度约 0.15g/L、固定 AQS 浓度 0.4mmol/L、初始 pH 为 8.0、作用时间 12h),考察醌改性聚氨酯泡沫的循环使用情况。由图 4.12 可见,Q-PUF 循环使用 10 次后,苋菜红脱色率仍高达 95% 以上,表明醌改性聚氨酯泡沫具有良好的生物催化稳定性。将循环使用后的改性聚氨酯泡沫洗净后进行元素分析,结果发现共价固定在聚氨酯泡沫的 AQS 基本没有损失(S 元素含量稳定在 0.8% 左右),表明 Q-PUF 在水处理中具有良好的应用前景。

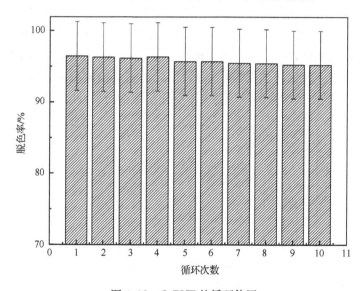

图 4.12　Q-PUF 的循环使用

3. Q-PUF 强化活性污泥处理活性染料 X-3B 的特性

采用普通活性法污泥处理偶氮染料废水时,通常需要长时间驯化才能启动成功。但近年来的研究发现,一些溶解态醌类化合物能够显著提高未驯化活性污泥还原脱色偶氮染料的能力。基于此,考察了 Q-PUF 强化活性污泥处理活性染料 X-3B 的性能。

固定化 AQS 浓度对未驯化活性污泥的偶氮染料厌氧脱色速率的影响如

图 4.13 所示。可见,随着固定化醌浓度的增加,活性染料 X-3B 的脱色效率大幅度增加,表明固定化醌对活性污泥具有明显的催化强化作用。溶解态 AQS 对脱色速率的影响具有类似的趋势。但与溶解态 AQS 相比,固定化醌的催化效果有所降低,这可能是由于传质的限制。当固定化 AQS 浓度增加到 0.1mmol/L,其催化强化作用趋于缓慢。因此,在实际的水处理应用中投加的固定化醌浓度不必过高,0.1mmol/L 是适宜而经济的浓度。

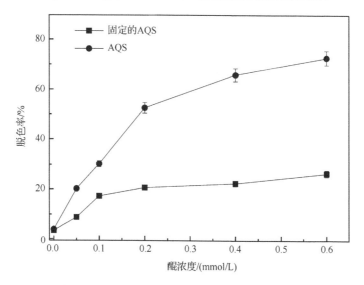

图 4.13 不同醌浓度对活性染料 X-3B 脱色的影响

为了考察 Q-PUF 对活性污泥处理偶氮染料体系长期运行的影响,设置了三个处理体系:仅含有活性污泥体系(AS),含有活性污泥和未改性聚氨酯泡沫体系(AS＋PUF),含有活性污泥和醌改性聚氨酯泡沫体系(AS＋Q-PUF)。每个体系按序批式膜生物反应器方式运行,每个周期反应时间为24h,不排泥。如图 4.14 所示。

反应体系在 1~10 天运行过程中,进水的染料浓度基本保持一致,AS 体系的脱色率基本保持在 50% 左右。从第 10 天起,污泥中微生物适应了脱色反应体系,驯化完成。AS 体系处理效果明显提高,脱色率保持在 90%。在 AS＋PUF 体系中,微生物可以固着生长,能够更快地适应反应体系,处理效率从第 7 天起上升到 80% 左右,10 天后脱色率保持在 90%。AS＋Q-PUF 体系从第 1 天起就具有良好的处理效果,偶氮染料脱色率一直保持在 95% 以上。可见,添加 Q-PUF 可明显缩短活性污泥处理偶氮染料的启动时间,污泥

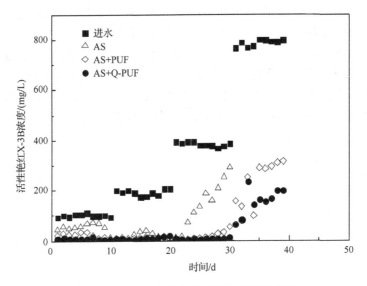

图 4.14　Q-PUF 强化活性污泥处理偶氮染料

几乎不需要驯化。

　　反应体系在 11～20 天运行过程中，进水染料浓度加倍，AS 体系的处理效果从第 14 天开始降低，适应一段时间后，脱色率逐渐提高到 90％。AS＋PUF 体系的脱色率基本保持在 90％左右，中间略有波动。AS＋Q-PUF 体系运行效果最佳，脱色率稳定保持在 90％以上。

　　反应体系在 21～30 天运行过程中，进水染料浓度增加到 400mg/L，AS 体系的处理效果随着时间的增加逐渐降低，最终崩溃。说明高浓度染料废水对体系中的污泥具有毒性，使污泥大量死亡，造成脱色效率下降；AS＋PUF 体系的处理效果在 30 天时仍能保持在 85％以上，但是随着运行时间增加处理效果有所下降；而 AS＋Q-PUF 体系的脱色率在该期间一直保持在 90％以上。反应体系在 31～40 天运行过程中，进水染料浓度继续增加到 800mg/L 时，各反应体系的脱色速率都开始降低，但含有醌改性聚氨酯泡沫的 AS＋Q-PUF 体系处理效果优于 AS＋PUF 体系，体现了较强的抗冲击负荷能力。

　　由此可见，投加聚氨酯泡沫对活性污泥反应器的脱色性能具有明显促进作用，缩短了驯化时间。微生物可以吸附在泡沫的孔隙中，在缝隙中生长代谢，使得反应器具有良好耐冲击性，能处理更高浓度的染料废水。反应器中投加醌改性聚氨酯泡沫不仅为微生物提供了附着场所，而且还可以作为固态氧化还原介体大幅度提高偶氮染料的厌氧还原速率。另外，污泥中投加醌改性聚氨酯泡沫可明显提高处理体系的抗冲击负荷性能,使其长期稳定运行,以保持良好的处理效果。这为介体共价固定技术的实际应用提供了依据。

4.3 醌改性陶粒强化污染物生物还原

多孔陶粒因其具有价廉易得、机械强度高、寿命长、孔隙率高、比表面积大、生物亲和性好等特点,在水处理领域作为颗粒生物载体而备受青睐。

采用化学/物理耦合的方法,将蒽醌-2-磺酸(AQS)固定在陶粒上,制备了醌改性陶粒[33]。并深入研究了醌改性陶粒对偶氮染料和硝基芳烃厌氧生物还原的催化强化作用和特性。

4.3.1 醌改性陶粒的制备

将5g左右陶粒浸入Al_2O_3溶胶中,取出后烘干,再转入马弗炉中于700℃下处理3.5h。然后将表面富含羟基基团的陶粒(OH-陶粒)与一定量的氨丙基三乙氧基硅烷(APTES)添加到250mL两颈烧瓶中,通入N_2,120℃下回流,冷却至室温。将陶粒取出加入到含100mL 0.05mol/L HCl的锥形瓶中,50℃下水浴1h。使用丙酮洗涤陶粒,风干备用。最后将上述氨基功能化的陶粒(NH₂-陶粒)加入到250mL圆底烧瓶中,滴加15mL NaOH溶液(2mol/L)以及一定量的蒽醌-2-磺酰氯(ASC)溶液(0.1 g/30mL 二氯甲烷),于振荡器(30 ℃、180 r/min)中反应。取出陶粒,使用二氯甲烷、乙醇及蒸馏水依次洗涤,并在130 ℃下烘干、备用,获得醌改性陶粒(AQS-陶粒)。AQS-陶粒的制备过程如图4.15所示。

4.3.2 醌改性陶粒的表征

使用傅里叶变换红外光谱对陶粒表面基团进行表征。实验结果如图4.16所示,与无机陶粒相比,OH-陶粒在3439cm^{-1}的峰有所增强。这说明无机陶粒经Al_2O_3处理后,—OH含量有所增加。当OH-陶粒发生硅烷化反应后,部分—OH被—NH₂所取代,—NH₂峰在3400cm^{-1}左右与—OH峰发生重叠。此外,在2911cm^{-1}处出现了一个新的吸收峰(—CH₂,—CH₃),这表明硅烷化反应成功发生。两个新吸收峰1677cm^{-1}(C=O)和1330cm^{-1}(S=O)出现在醌改性陶粒上,这充分说明AQS被固定到陶粒表面上。

采用元素分析仪对陶粒改性前后的硫元素含量进行了分析,发现陶粒上AQS含量约为2.3μmol/g。另外,不同陶粒的扫描电镜分析发现,在醌改性

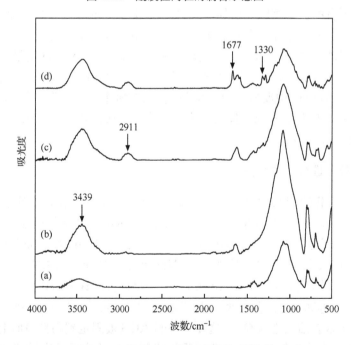

图 4.15　醌改性陶粒的制备示意图

图 4.16　陶粒表面傅里叶红外波谱图

（a）无机陶粒；（b）OH-陶粒；（c）NH₂-陶粒；（d）醌改性陶粒

陶粒的制备过程中,部分微孔发生了堵塞现象,但陶粒仍保持多孔结构,不影响其作为生物载体使用。

4.3.3　醌改性陶粒催化强化难降解有机物生物还原

1. 醌改性陶粒催化强化偶氮染料生物还原

在醌改性陶粒存在下,考察了偶氮染料酸性金黄 G 的厌氧生物脱色特性。如图 4.17 所示,醌还原菌群本身对酸性金黄 G 还原能力较弱,6h 内只有<5％的染料被还原。在加入醌改性陶粒的反应体系中,酸性金黄 G 的脱色率显著增加,在 6h 内,其脱色率可达到 95％以上。其中,因吸附作用所造成的脱色可以忽略不计(<5％)。

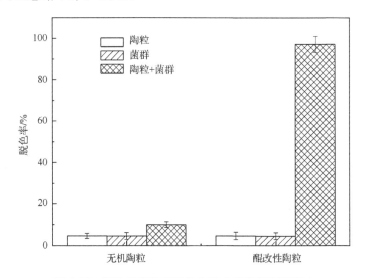

图 4.17　醌改性陶粒对酸性金黄 G 生物还原的影响

另外,在 OH-陶粒及 NH$_2$-陶粒对酸性金黄 G 生物脱色影响的实验中,发现这 2 种改性陶粒的加入,酸性金黄 G 的生物脱色率均<15％,这主要是由于陶粒的吸附作用所致。因此,在染料生物脱色过程中,起催化强化作用的基团为醌改性陶粒上的醌基基团。

在酸性金黄 G 厌氧脱色体系中,加入含有不同固定化 AQS 浓度的醌改性陶粒,考察了固定化 AQS 浓度对酸性金黄 G 生物脱色的影响。结果如图 4.18所示。当固定化 AQS 浓度小于 $60\mu mol/L$ 时,随着固定化 AQS 浓度的增加,酸性金黄 G 的脱色速率显著增加。当固定化 AQS 浓度达到

$60\mu mol/L$ 后,其脱色速率增加趋缓。此外,与相同浓度的溶解态 AQS 相比,醌改性陶粒的催化强化作用有所下降,这可能是由于固定化的醌基基团可导致醌基与菌体间传质能力下降所致。

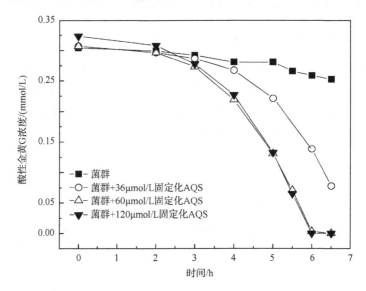

图 4.18　固定化 AQS 浓度对酸性金黄 G 生物还原的影响

　　进一步研究了醌改性陶粒对其他偶氮染料生物还原的催化强化作用,如图 4.19 所示。实验结果表明,与单独菌群相比,醌改性陶粒介导体系中,活性艳红 X-3B、苋菜红和酸性橙 7 的脱色速率均提高了 2 倍以上。这说明醌改性陶粒对于偶氮染料生物脱色的强化作用具有较强的普遍性。

　　另外,醌改性陶粒在循环使用多次后,酸性金黄 G 的生物脱色率仍能达到 98% 以上。由此可见,醌改性陶粒的生物催化活性具有良好的稳定性。

　　醌介导污染物生物转化的优势在于,在该过程中被生物还原的醌介体(氢醌)作为电子供体,可无选择性地化学还原许多毒性有机污染物(只要热力学上可行)。该化学反应在胞外进行,可避免底物从胞外向胞内的运输限制,使底物及中间产物对微生物的毒性降至最低,从而使微生物对毒性底物最大化利用。为了更好地明确醌改性陶粒在偶氮染料生物还原的催化作用,我们考察了醌改性陶粒对偶氮染料化学还原过程的影响。

　　由图 4.20 和图 4.21 可见,Na_2S 单独还原酸性金黄 G 时,在 2.5h 内酸性金黄 G 的脱色率约为 50%。而在加入醌改性陶粒的体系中,酸性金黄 G 的脱色率显著提高,在 2.5h 内,其脱色率可达 95%(醌改性陶粒对染料的吸

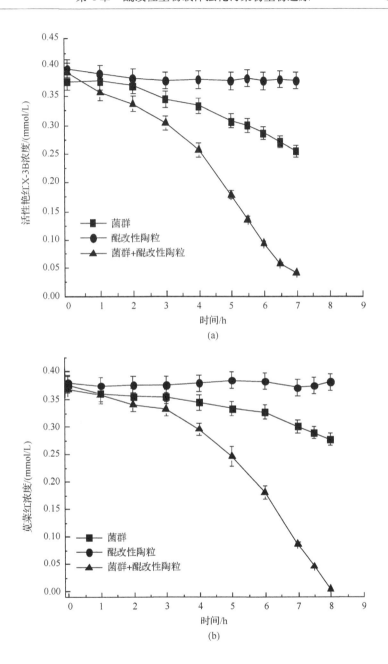

(a)

(b)

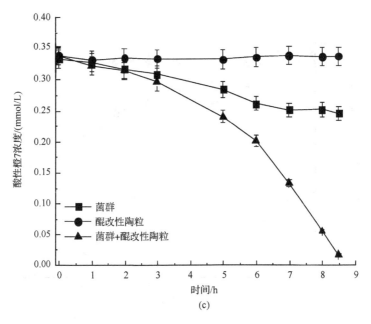

图 4.19　醌改性陶粒对活性艳红 X-3B、苋菜红和酸性橙 7 生物脱色的影响
(a)活性艳红 X-3B；(b)苋菜红；(c)酸性橙 7

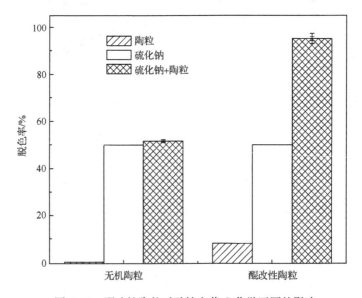

图 4.20　醌改性陶粒对酸性金黄 G 化学还原的影响

附作用较小,仅为 8%)。而且当反应体系中加入固定化 AQS 浓度分别为 $36\mu mol/L$、$60\mu mol/L$ 和 $120\mu mol/L$ 的醌改性陶粒时,其一级动力学常数分别增加了 2.1 倍、2.9 倍和 5.4 倍,即在一定浓度范围内,固定化 AQS 浓度与染料的化学脱色速率呈正相关。

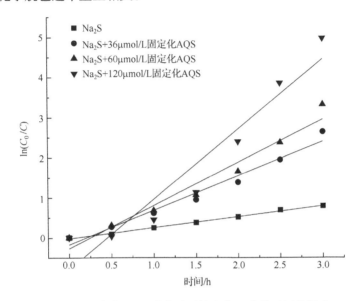

图 4.21　固定化 AQS 浓度对酸性金黄 G 化学还原的影响

　　由此可见,醌改性陶粒对于酸性金黄 G 的化学还原反应具有明显催化作用,并且起催化作用的为陶粒上的醌基基团。这进一步认证了醌改性陶粒介导污染物生物转化的作用机理,即改性陶粒上的醌基首先被生物还原为氢醌,然后作为电子供体在胞外化学还原污染物,并完成醌基基团的再生。

2. 醌改性陶粒催化强化硝基芳烃的生物还原

　　研究表明,醌改性陶粒能够强化硝基苯、对氯硝基苯和对硝基甲苯厌氧生物转化速率。由图 4.22 可见,醌改性陶粒对硝基苯的吸附作用很小(<10%)。在仅有醌还原菌群作用时,硝基苯的还原率 10h 内可以达到 80% 以上,这表明醌还原菌群本身具有较强的硝基苯还原性能。加入醌改性陶粒后,相同时间内硝基苯的还原率可达到 96% 以上。醌改性陶粒单独吸附对氯硝基苯时,10h 内对氯硝基苯的去除率<15%;当醌还原菌群单独作用时,对氯硝基苯的还原率在 10h 内约达 67%;加入醌改性陶粒后,相同时间内对氯

硝基苯的还原率可达到98％。醌还原菌群单独还原对硝基甲苯时,对硝基甲苯的还原率在10h内约为50％。而加入醌改性陶粒后,相同时间内对硝基甲苯的还原率可达到98％以上(陶粒吸附作用贡献率约15％左右)。

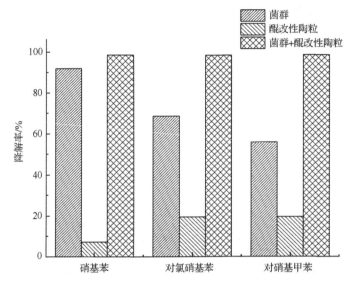

图 4.22　醌改性陶粒对硝基芳烃生物还原的影响

　　由此可见,醌改性陶粒不仅对偶氮染料,而且对硝基芳烃的生物还原也具有明显的催化强化作用。通常,在醌类化合物介导的污染物生物转化过程中,醌介体首先被生物还原为氢醌,后者作为电子供体可无选择性地还原许多毒性有机污染物(在胞外进行的化学反应),并完成醌介体的再生。这种生物-化学组合机理对修复水中复合污染具有独特的技术优势。

4.3.4　醌改性陶粒对醌还原菌群结构与功能的影响

　　采用Biolog法对醌还原菌群的多样性指数、AWCD值以及功能主成分进行了分析,以考察醌改性陶粒对醌还原菌群结构与代谢功能的影响[56]。

　　Shannon指数是研究群落物种数量和分布均匀程度的综合指标,受群落物种丰富度影响较大;Mcintosh指数是群落物种均一性的度量;Simpson指数则主要反映了群落中最常见的物种。采用上述3种多样性指数对醌还原菌群结构的变化进行分析。由表4.5可见,无论醌改性陶粒存在与否,偶氮染料生物脱色后,其菌群3种多样性指数均有所降低,这说明菌群物种的丰富度、均一性以及常见物种都有所改变。但与染料脱色菌群相比,醌改性陶粒强化染料脱色菌群的 3 种多样性指数没有显著变化($P>0.05$),表明菌群结构的变化主要是由偶氮染料及其脱色产物的影响所致,而醌改性陶粒对菌群结构变化的影响甚微。

表 4.5　醌还原菌群多样性指数分析

	Simpson 指数	Mcintosh 指数	Shannon 指数
初始菌群	25.8	4.8	3.3
染料脱色菌群	19.9	3.9	3.0
醌改性陶粒强化染料脱色菌群	19.7	3.6	3.1

　　AWCD 值反映了菌群对碳源的利用能力,其变化速率反映了菌群的代谢活性。由图 4.23 可见,醌改性陶粒的存在对染料生物脱色体系中菌群的代谢活性几乎无影响。但与初始菌群相比,无论是否有醌改性陶粒的参与,染料脱色体系中菌群的代谢活性均有下降(二者降低程度基本相同)。这说明菌群代谢活性的降低主要是由染料及其脱色产物的毒性所致,而醌改性陶粒对菌群代谢影响可以忽略。

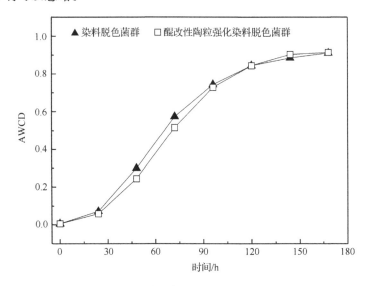

图 4.23　醌改性陶粒对 AWCD 值的影响

另外,醌还原菌群对碳源代谢的主成分分析表明,醌改性陶粒强化偶氮染料生物脱色后,菌群功能在 PCA 图上的位置发生了很大改变。但与未加醌改性陶粒的生物还原过程相比,其菌群位置接近,表明在该体系中加入醌改性陶粒,对菌群碳源代谢影响较小。

综上所述,投加醌改性陶粒对菌群结构与功能的影响甚微,这也表明醌改性陶粒具有良好的生物相容性。

第5章 好氧降解性介体强化污染物生物还原

投加至厌氧生物反应器中的 AQDS 等水溶性介体通常具有一定毒性,难以厌氧及好氧生物降解,将随出水进入环境中而造成二次污染。而采用好氧降解性介体则可在厌氧反应器强化污染物生物还原,当进入后续的好氧反应器时则被彻底生物降解,从而避免了二次污染。研究发现,溴氨酸(1-氨基-4-溴蒽醌-2-磺酸,图 5.1),是一种应用广泛的蒽醌染料中间体,可作为氧化还原介体促进污染物生物还原,而且溴氨酸可被好氧生物降解。因此,采用溴氨酸(BAA)等好氧降解性介体是克服 AQDS 等介体诸多弊端的理想对策之一。

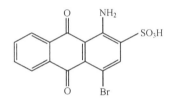

图 5.1 溴氨酸的化学结构

5.1 溴氨酸强化偶氮染料生物脱色

5.1.1 溴氨酸强化偶氮染料生物脱色的影响因素

1. 共底物浓度

由第 2 章可知,醌还原菌群的适宜电子供体为葡萄糖;适宜温度为 30～35℃;适宜 pH 为 6.0～8.0。在菌群浓度约为 500mg/L,活性艳红 KE-3B 浓度 200mg/L,pH 为 7.0,BAA 浓度为 40mg/L,30℃厌氧培养 12h 的条件下,考察了共底物(葡萄糖)浓度对活性艳红 KE-3B 生物脱色的影响,结果如图 5.2所示。可见,葡萄糖浓度在 400～600mg/L 范围内,活性艳红 KE-3B 脱色率可达 90% 以上。而进一步提高葡萄糖浓度,菌群生长量有所增加,但活性艳红 KE-3B 脱色率下降。这可能是由于葡萄糖过量可导致菌群结构改变,从而影响了菌群中醌还原微生物的优势度,降低了该菌群对醌类介体的还原活性。

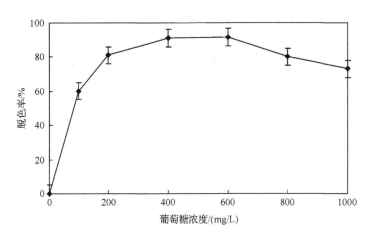

图 5.2　葡萄糖浓度对活性艳红 KE-3B 厌氧脱色的影响

2. 溴氨酸浓度

醌还原菌群浓度为 500mg/L 左右,活性艳红 KE-3B 浓度为 200mg/L,葡萄糖浓度 500mg/L,pH 为 7.0,温度为 30℃,考察了 BAA 浓度对菌群染料脱色率的影响,结果如图 5.3 所示。可见,当 BAA 浓度小于 20mg/L 时,活性艳红 KE-3B 脱色率随着 BAA 浓度增加而增加;BAA 在 20～80mg/L 范围内时,BAA 浓度对活性艳红 KE-3B 的厌氧脱色无显著影响,其脱色率均保持在 90%以上。van der Zee 等研究发现,在低浓度范围内,醌类介体浓度与偶氮

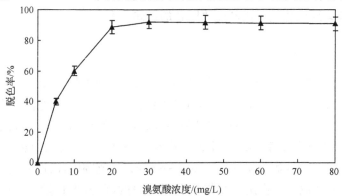

图 5.3　溴氨酸浓度对活性艳红 KE-3B 生物脱色的影响

染料的生物脱色速率呈正相关,但介体浓度增加至一定浓度时,脱色速率趋于稳定。溴氨酸浓度对偶氮染料生物脱色的影响也符合上述规律。

3. 染料浓度

在醌还原菌群浓度为 500mg/L 左右,葡萄糖浓度为 500mg/L,BAA 浓度为 30mg/L,活性艳红 KE-3B 浓度为 100~1000mg/L,pH 为 7.0,温度为 30℃,厌氧培养 12h 的条件下,考察了染料初始浓度对溴氨酸强化厌氧脱色的影响,结果如图 5.4 所示。结果表明,在活性艳红 KE-3B 初始浓度为 100~800mg/L 范围内,醌还原菌群在溴氨酸存在下对活性艳红 KE-3B 的脱色率可稳定在 90% 左右。这说明溴氨酸的存在可使醌还原菌群对浓度范围较广泛的偶氮染料均可保持很强的脱色速率,脱色性能稳定。但当活性艳红 KE-3B 超过 800mg/L 时,强化脱色性能下降较明显;这可能与活性艳红 KE-3B 的毒性有关,从而导致了菌体醌还原活性和偶氮染料还原性能的降低。

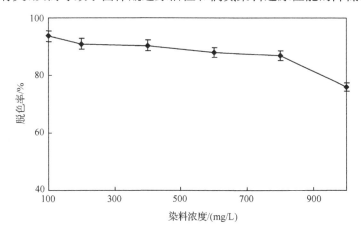

图 5.4　染料浓度对溴氨酸强化厌氧脱色的影响

4. 偶氮染料种类

在染料浓度为 200mg/L,菌群浓度约为 500mg/L,BAA 浓度为 30mg/L,葡萄糖浓度为 500mg/L,pH 为 7.0,温度为 30℃,脱色时间为 12h 的条件下,考察了溴氨酸强化醌还原菌群对 8 种偶氮染料的厌氧脱色能力,结果如图 5.5所示。可以看出,醌还原菌群本身对 8 种偶氮染料的脱色性能均较低;但在溴氨酸存在下,明显提高了菌群对 8 种不同类型偶氮染料(酸性染料、活性染料和直接染料)的脱色速率,均提高 5.5 倍以上,表明了溴氨酸对强化偶氮染料生物脱色具有广谱性。溴氨酸对不同类型染料脱色的促进作用不同,其中,对大分子染料脱色(如直接耐晒黑 GF 和直接耐晒蓝 B2RL)的促进效应更显著(脱色速率提高 8 倍以上)。

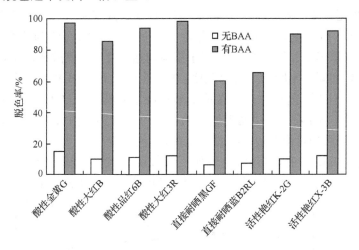

图 5.5　偶氮染料种类对溴氨酸强化醌还原菌群脱色的影响

偶氮染料的生物脱色性能与所含偶氮键的个数有关,通常偶氮键越多,脱色效率越低;此外,磺酸基的存在对偶氮染料的厌氧脱色具有一定抑制作用。酸性大红 B 含有双偶氮键和 2 个磺酸基,其脱色速率在上述 4 种酸性染料和 2 种活性染料中最低。

5.1.2　溴氨酸与常见介体对强化偶氮染料生物脱色的比较

在适宜条件下(核黄素浓度为 0.02mmol/L,蒽醌及 1,2-二羟基蒽醌为 3.0mmol/L,其他介体均为 0.1mmol/L,活性艳红 KE-3B 浓度为 200mg/L,葡萄糖浓度 500mg/L,pH 为 7.0,温度为 30℃,菌群浓度约为 500mg/L,厌氧反应 12h),比较了溴氨酸与其他介体对活性艳红 KE-3B 生物脱色的强化性能,结果如图 5.6 所示。结果表明,6 种介体的存在均明显促进了活性艳红 KE-3B 厌氧脱色,脱色率提高了 1.2 倍以上。其中,溴氨酸与常用高效介体 AQDS、AQS 以及核黄素的染料脱色促进效应相当,均可使活性艳红 KE-3B 脱色率达到 90% 以上,约提高 1.4 倍。另外发现,随着介体强化脱色反应的进行,葡萄糖浓度逐渐降低,当脱色率达到最大时,葡萄糖约降低 90%;而且醌还原菌群在介体强化脱色过程中,菌体浓度首先呈增加趋势;当脱色率达到

80％以上后,菌量略有下降(可能是由于染料脱色形成的毒性中间产物增多所致),但最终菌体浓度比初始时有所增长。这一现象与醌呼吸以及偶氮呼吸反应规律相一致。

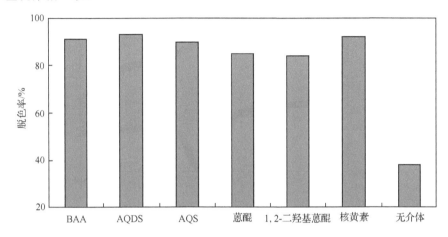

图 5.6　不同介体对强化偶氮染料生物脱色的比较

　　通常,醌类化合物强化偶氮染料生物脱色分两步进行:首先,醌还原菌群利用电子供体生物还原类醌化合物,然后,生物还原形成的氢醌类化合物在胞外按化学反应还原偶氮键生成芳香胺。在菌群确定的情况下,醌类化合物的氧化还原电位及其生物可还原性决定了醌化合物对同一偶氮染料生物脱色的强化效果。由溴氨酸的循环伏安图可知(图 5.7),溴氨酸在−0.21V 和−0.28V 处具有明显的氧化还原峰,说明溴氨酸的氧化还原电位介于偶氮染料与NADH 的氧化还原电位之间,并与核黄素(氧还电位为−208mV)以及 AQS(氧还电位为−218mV)具有相似的氧化还原电位。因此,溴氨酸可作为高效的氧化还原介体加速偶氮染料厌氧生物脱色。

　　溴氨酸被生物还原后,其水溶性显著降低,如图 2.12 所示,这有利于其保留在厌氧生物处理体系中,发挥生物催化作用。另外,鉴于溴氨酸可以在好氧条件下被生物降解(参见第 5.2 节),因此,即使部分溴氨酸随厌氧出水进入好氧生物反应器,也可与芳香胺(偶氮染料厌氧脱色产物)被进一步好氧矿化。

　　溴氨酸作为一种应用极为广泛的蒽醌染料中间体,很可能会存在于实际染料废水中。因此,溴氨酸强化偶氮染料生物脱色工艺,既有效解决了常见水溶性介体(如 AQDS 等)所造成的二次污染等问题,又可实现以废治废目标,具有良好的应用前景。

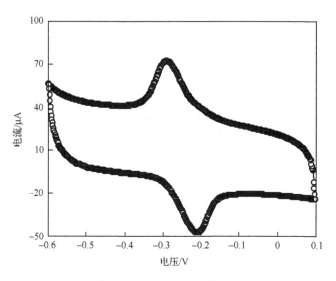

图 5.7　溴氨酸的循环伏安图

5.2　溴氨酸的好氧生物降解

研究证实,溴氨酸可被活性污泥好氧脱色,并从中发现分离了一些高效脱色菌,如 *Pseudomonas* JR-1、*Zoogloea itzigohn* HP3、*Pseudomonas* sp. N1、*Sphingomonas* sp. 等。为了进一步发挥高效脱色菌的作用以及提高溴氨酸的好氧降解性能,进行了高效菌强化膜生物反应器(MBR)降解溴氨酸的研究。

5.2.1　生物强化 MBR 好氧脱色溴氨酸

采用一体式膜反应器,如图 5.8 所示。反应器材质为有机玻璃,有效容积为 10L;膜组件为聚丙烯中空纤维微滤膜,孔径为 $0.2\mu m$,有效过滤面积为 $0.1m^2$。进水组成为:溴氨酸,$0.05 \sim 0.4g/L$;NH_4Cl,$1.0g/L$;KH_2PO_4,$0.5g/L$;K_2HPO_4,$0.6g/L$;$MgCl_2 \cdot 6H_2O$,$0.2g/L$;$CaCl_2 \cdot 2H_2O$,$0.05g/L$;pH 为 7.0。进水通过进水泵从底部送入反应器;膜出水通过负压抽吸作用排出,间歇出水,每个抽吸周期为 10min(8min 抽吸,2min 停)。接种活性污泥约 5.0g/L(MLSS),并投加 6%(*w/w*)溴氨酸高效脱色菌 *Sphingomonas* sp.,温控仪保持温度在(28±1)℃,溶解氧>4.0mg/L,反应器运行期间不排泥。

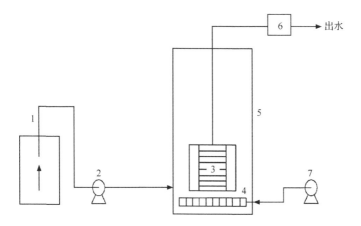

图 5.8　生物强化 MBR 脱色溴氨酸的示意图

1. 进水槽；2. 进水泵；3. 膜组件；4. 曝气管；5. 反应器；6. 蠕动泵；7. 气泵

1. 连续式 MBR 对溴氨酸的脱色性能

反应器的水力停留时间（HRT）控制在 14h 左右。溴氨酸的脱色与降解性能如图 5.9 所示。可见，当进水溴氨酸浓度在 150～180mg/L 左右时，*Sphingomonas* sp. 强化的 MBR 在第 4 天即可成功启动，并可稳定运行，脱色

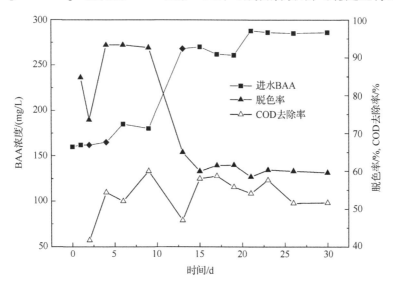

图 5.9　连续式 MBR 处理溴氨酸废水的性能

率保持在90%以上;而非强化体系在10天内也难以启动。当进水溴氨酸浓度高于200mg/L时,强化体系脱色率显著降低至60%左右。这是由于出水中形成了一种最大吸收波长为447nm的黄色中间产物,其在485nm处(溴氨酸最大吸收波长)具有一定的吸收能力,而且在整个反应器运行期间非常稳定,难以生物降解(即使延长HRT),从而导致了反应器脱色性能下降。因此,连续式MBR不适于脱色高浓度溴氨酸。

2. 序批式MBR(SMBR)对溴氨酸的脱色性能

为了避免连续式MBR中黄色中间产物的积累,将反应器改变为序批式运行。SMBR的每个运行周期为:进水0.5h,曝气12h,曝气出水约3.5h(70%体积交换率)。以未加入高效降解菌的活性污泥体系为对照,结果如图5.10所示。可见,进水溴氨酸浓度约为150mg/L时,投加 *Sphingomonas* sp. 的SMBR在3天内快速启动,脱色率达到98%左右;随着进水溴氨酸浓度的不断提高至500mg/L,膜出水脱色率仍然保持在95%以上,COD去除率稳定在60%左右;反应器上清液中COD去除率约为50%左右(即使进一步增加HRT,COD去除率仍未见提高,而且会形成最大吸收波长为447nm的黄色中间产物)。而对于非强化体系,在150mg/L进水溴氨酸条件下,脱色率可稳定在70%左右,但当进水浓度提高至200mg/L,脱色率迅速下降至50%左

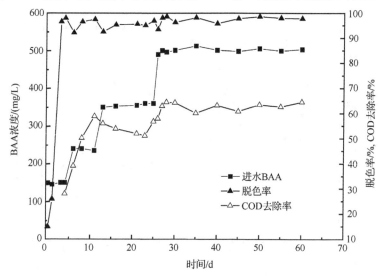

图5.10　生物强化SMBR处理溴氨酸废水的性能

右。但出水中未检测到最大吸收波长为 447nm 的黄色中间产物,脱色率低是由于溴氨酸本身降解率低所致。这表明加入高效脱色菌的生物强化 SMBR 对处理较高浓度的溴氨酸废水具有较明显的技术优势。

　　SMBR 稳定运行后,污泥体积指数 SVI 稳定在 100mL/g 左右,系统污泥絮凝性能有所提高,这可能与 *Sphingomonas* sp. 具有较强的胞外聚合物分泌特性有关。这有利于强化菌与活性污泥的密实结合,使高效脱色菌 *Sphingomonas* sp. 在 SMBR 中占有优势,提高体系降解性能,同时有助于膜污染的控制。RIS 指纹分析(核糖体基因间区序列分析)也证实了 SMBR 运行过程中 *Sphingomonas* sp. 作为优势菌存在(强化菌在 1.5kb 处具有特异带)。

5.2.2　生物强化 MBR 好氧矿化溴氨酸

　　由上述可见,生物强化 SMBR 在处理溴氨酸废水中具有一定的技术优势,但不能将溴氨酸彻底矿化,膜分离前 COD 去除率仅 50% 左右。这是迄今所有生物降解溴氨酸研究中的共同特点(无论是纯菌,还是活性污泥体系)。为了能够彻底生物降解溴氨酸,首先需了解溴氨酸生物脱色产物的特性,为研发高效生物处理工艺奠定基础。

　　1. 溴氨酸生物脱色产物的特性

　　对溴氨酸的某一典型生物脱色样品进行了高效液相色谱-质谱(HPLC-MS)和紫外-可见光谱(UV-Vis)谱图分析,结果如图 5.11 和图 5.12 所示。由 HPLC-MS 可见,当溴氨酸刚生物脱色后,其主要脱色产物的 m/z 分别为 266 和 268,且相对丰度比接近 1∶1,推测它们分别为 2-氨基-3-羟基-5-溴苯磺酸和 2-氨基-4-羟基-5-溴苯磺酸。在纯菌 *Sphingomonas herbicidovorans* FL 和 *Sphingomonas xenophaga* 降解溴氨酸的研究中,其反应终产物也被证实为上述 2 种化合物;体系 TOC 去除率为 50% 左右。另外,在溴氨酸生物脱色过程中取样分析表明,主要中间产物中还含有邻苯二甲酸,但在终产物中未检测到。因此,邻苯二甲酸的进一步彻底降解贡献了约 50% TOC 去除率,同时也支持了微生物的生长。

　　当溴氨酸生物脱色产物进一步曝气 12h 后(无微生物存在),发现出水变为黄色,其紫外-可见光谱在 447nm 处出现最大吸收峰;同时,原脱色产物中的 310nm 处吸收峰同步降低,表明该黄色物质来源于后者的化学氧化。该黄色物质非常稳定,难以被微生物所降解,但加入 NaOH 后该黄色物质逐渐消失(图 5.12)。由 HPLC-MS 分析可知,该黄色物质的 m/z 为 449[图 5.11(b)]。

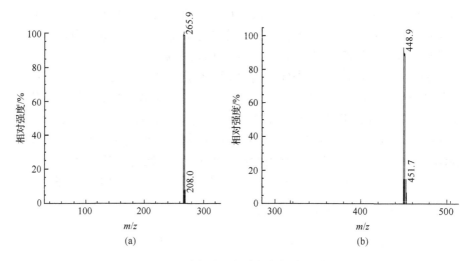

图 5.11　溴氨酸生物降解产物的质谱图
(a) 刚脱色时 HPLC 中保留时间 2.9min 对应的质谱;
(b) 脱色后曝气 12h 时 HPLC 中保留时间 12.7min 对应的质谱

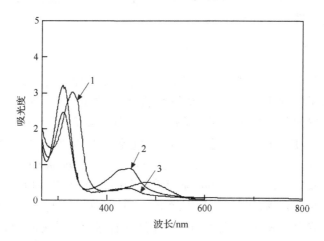

图 5.12　溴氨酸生物脱色产物的紫外-可见光谱
1. 0h;2. 曝气 12h;3. 曝气 12h 后加 NaOH

　　Stolz 课题组的研究发现,邻氨基羟基取代的芳香类化合物在好氧条件下不稳定,极易发生自氧化,且自氧化产物难以生物降解。因此,溴氨酸生物脱色产物进一步曝气后,形成了黄色的自氧化产物(m/z 为 449),推测其为 2-氨基-3-羟基-5-溴苯磺酸的自氧化二聚体。这说明采用基于常规活性污泥处理工艺难以彻底矿化溴氨酸的瓶颈是自氧化性中间产物的无法有效去除,故需要研发针对这一瓶颈的新型生物处理技术。其中,基于高效吸附-原位再生机理的生物降解技术即可彻底矿化自氧化性有机物。

2. 活性炭纤维强化 SMBR 好氧矿化溴氨酸

所用活性炭纤维(ACF)的表面积为 800m²/g,其形貌特征如图 5.13 所示。将 ACF 切成每块 5mm×5mm×5mm,用水冲洗 3 遍后,加水煮沸 0.5h,在水中浸泡 12h,洗净,在 105℃下烘干后待用。SMBR 如图 5.8 所示。每个运行周期为:进水 0.5h,曝气 24h,曝气出水约 3.5h(70% 体积交换率)。进水组成为:溴氨酸 0.05~0.5g/L;NH₄Cl,1.0g/L;KH₂PO₄,0.5g/L;K₂HPO₄,0.6g/L;MgCl₂·6H₂O,0.2g/L;CaCl₂·2H₂O,0.05g/L;pH 为 7.0。间歇出水,每个抽吸周期为 10min(8min 抽吸,2min 停)。初始接种污泥为芳香胺高效降解污泥(MLSS 约为 5.0g/L),并加入溴氨酸高效降解菌 *Sphingomonas xenophaga*(6%,w/w)。ACF 在反应器中投配率约 16%(v/v)。曝气量同上,温度控制在(28±1)℃,SMBR 运行期间不排泥。

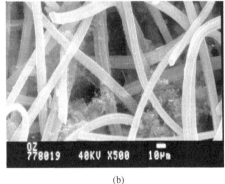

(a)　　　　　　　　　　　(b)

图 5.13 SMBR 中活性炭纤维的 SEM 照片
(a) 使用前 ACF;(b) ACF 上负载污泥

强化 SMBR 体系的溴氨酸脱色与降解性能如图 5.14 所示。结果表明,在反应器刚启动时,溴氨酸脱色率即可达到 95% 左右,此时 COD 去除性能偏低,但经过 5 天运行后,COD 去除率可大于 85%。随着进水溴氨酸浓度的不断增加,溴氨酸脱色率仍然稳定在 95% 左右,而 COD 去除率虽有一些波动,但基本上稳定在 85%~90%,而且出水中未检测到黄色自氧化产物,出水保持无色而稳定。膜组件每隔 60 天使用 0.03% NaClO 清洗 1 次,其膜通量基本可以恢复到新膜水平。

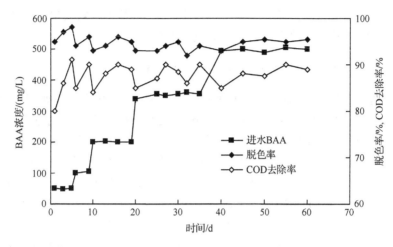

图 5.14　活性炭纤维强化 SMBR 好氧降解溴氨酸的性能

研究发现 2-氨基-3-羟基-5-溴苯磺酸的自氧化速率取决于其自身浓度,当低于某浓度时,其好氧降解速率会高于自氧化速率。在 SMBR 体系中加入吸附性生物载体-活性炭纤维,通过其高效的吸附作用可降低液相中 2-氨基-3-羟基-5-溴苯磺酸的浓度,从而降低其自氧化速率,提高生物降解速率;然后再解吸和生物降解,最终,溴氨酸脱色产物在吸附-原位再生的循环过程中被不断地彻底矿化。与未强化体系比较,吸附性生物载体强化的 SMBR 对降解水中溴氨酸具有明显的优越性。

通常,大多数卤代芳香化合物在好氧降解过程中开环与脱卤反应同时发生(该反应由单加氧酶或双加氧酶所催化),所以脱卤程度在一定程度上可反映卤代芳烃的好氧降解程度。于是,在上述强化 SMBR 的一个循环周期中,考察了溴氨酸好氧降解过程中 Br^- 和 SO_4^{2-} 浓度的变化(图 5.15)。由图可见,随着生物降解过程中 TOC 的不断降低,溶液中 Br^- 和 SO_4^{2-} 浓度逐渐增大,当 TOC 降至 26.1mg/L 时,出水中 Br^- 和 SO_4^{2-} 浓度达到最大值,分别为 1.02mmol/L 和 0.9mmol/L。最终,TOC 去除率达到 88.2%,Br^- 的释放率达到 77.3%,SO_4^{2-} 的释放率为 68.7%。SO_4^{2-} 的释放率较低可能是由于硫在生物降解过程中被微生物利用所致。而吸附试验表明活性炭纤维吸附的 Br^- 和 SO_4^{2-} 仅占液相中的 5% 左右,故可以忽略。这表明在 SMBR 中绝大部分溴氨酸已被开环矿化,并伴随着氧化脱卤现象。离子色谱分析发现在溴氨酸的生物脱色过程中 Br^- 和 SO_4^{2-} 释放率很低,Br^- 和 SO_4^{2-} 的释放主要发生在溴氨酸脱色产物的生物降解过程中。

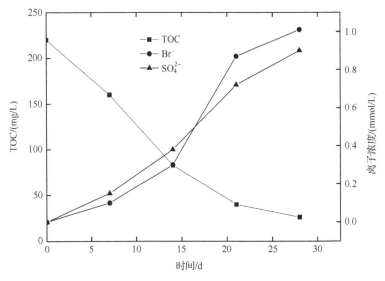

图 5.15 ACF 强化 SMBR 降解溴氨酸过程中 Br^- 和 SO_4^{2-} 的变化

基于上述分析,推测 ACF 强化 SMBR 中溴氨酸的好氧生物降解途径如下(图 5.16):

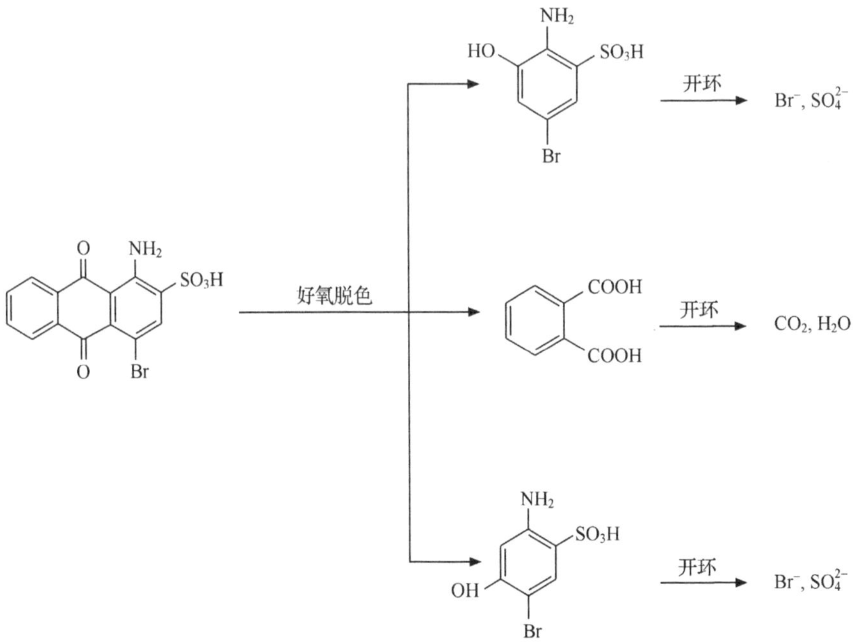

图 5.16 ACF 强化 SMBR 中溴氨酸的好氧生物降解途径

第6章 底物自催化强化污染物生物还原

利用来自污染物处理体系中的内源性介体催化强化污染物生物转化是解决外源介体弊端及提高污染物处理性能的理想对策。其中,该体系中具有氧化还原性质的污染物本身或其降解产物便是内源性介体之一。我们在偶氮染料生物降解研究中发现,一些特定结构的偶氮染料在降解过程中形成的中间产物具有氧化还原活性,这些中间产物可作为介体加速污染物生物转化,实现底物自催化作用,而且这些内源性介体可被好氧完全生物降解。从而,可以有效地克服 AQDS 等水溶性介体以及其他外源性介体在水处理体系应用中的诸多弊端。

6.1 自催化性底物的结构特点

van der Zee 等发现酸性橙 7(AO7)的生物还原产物能够作为氧化还原介体加速自身的脱色[57]。因为它的生物还原产物中含有 1-氨基-2-萘酚,后者在水溶液中发生可逆反应生成了 1-氨基-2-萘醌,它能够被生物还原为 1-氨基-2-萘酚,1-氨基-2-萘酚还原偶氮染料后转化为 1-氨基-2-萘醌,如此循环,加速了偶氮染料生物脱色。

我们在研究偶氮染料的结构与其生物还原性能关系时发现了一个规律:具有自催化特性的偶氮染料(不仅仅 AO7),其结构上具有共同的特性,即偶氮键邻位有羟基取代。图 6.1 给出了一些具有该特征偶氮染料的化学结构式。

酸性红14,λ_{max}=522nm   酸性橙7,λ_{max}=484nm

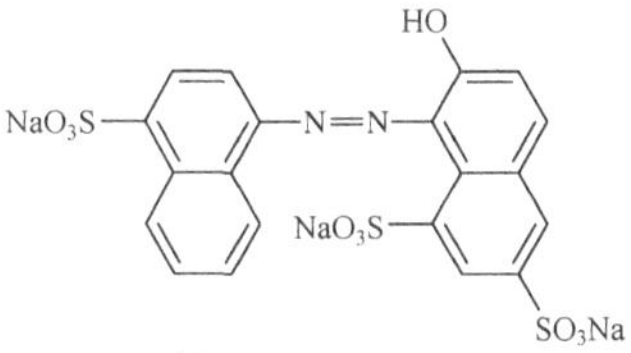

酸性红18, λ_{max}=507nm

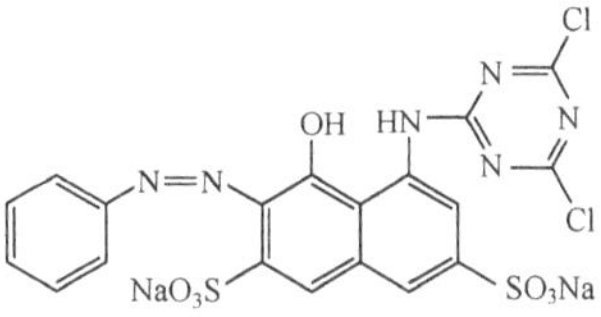

活性红2, λ_{max}=538nm

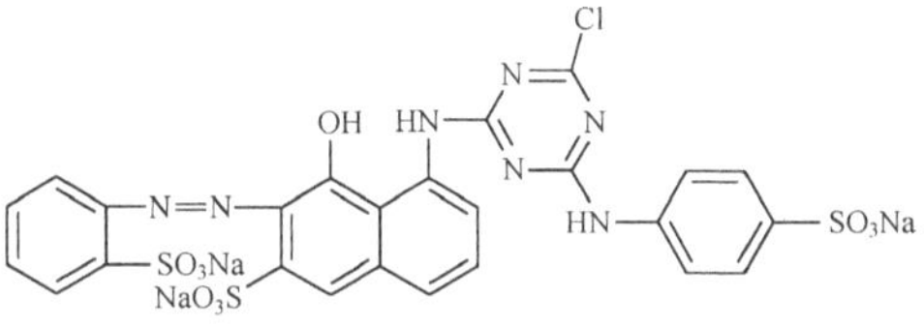

活性红15, λ_{max}=535nm

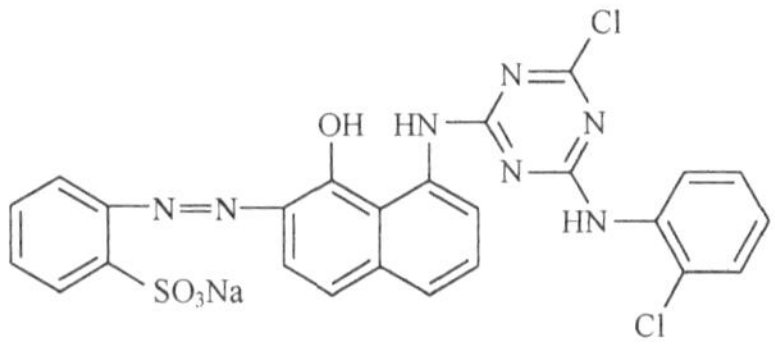

活性红24, λ_{max}=535nm

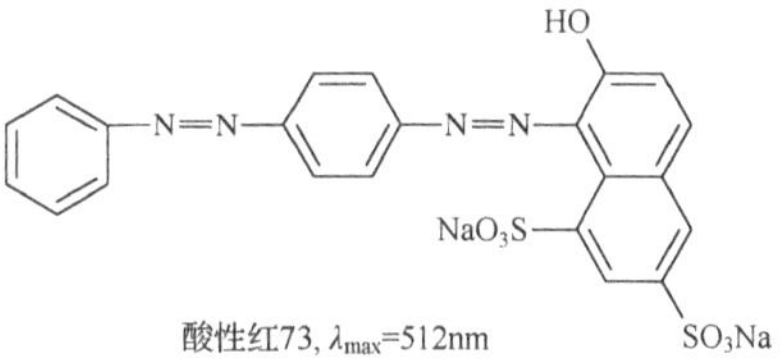

酸性红73, λ_{max}=512nm

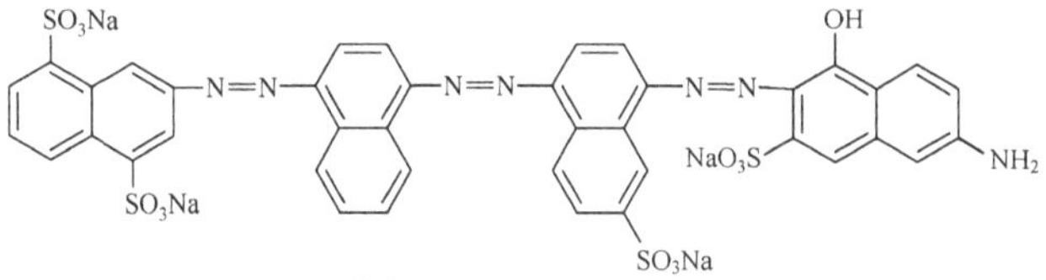

直接蓝71, λ_{max}=582nm

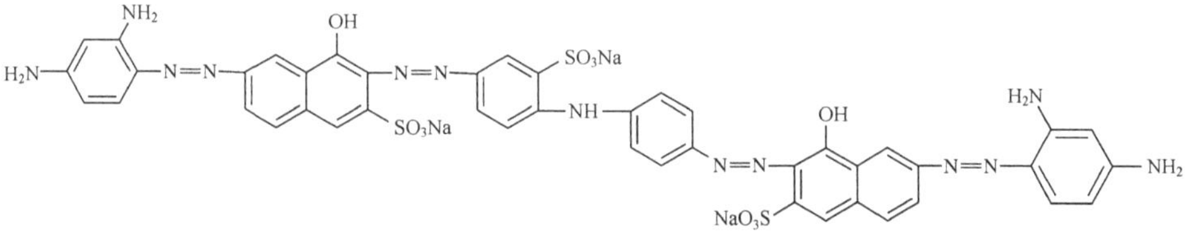

直接黑22, λ_{max}=589nm

图 6.1　一些具有自催化特性的偶氮染料

6.2　底物自催化强化偶氮染料生物还原脱色

1. 酸性偶氮染料还原产物强化偶氮染料生物脱色

许多酸性偶氮染料具有自催化特性,于是开展了酸性偶氮染料还原产物强化偶氮染料生物脱色研究。首先，比较了几种酸性偶氮染料还原产物对活性艳红 KE-3B 脱色性能的强化效应。分别将 4 种酸性偶氮染料：酸性橙 7（AO7）、酸性红 B（AR14）、酸性大红 3R（AR18）和酸性大红 GR（AR73）（染料浓度均为 0.5mol/L），加入纯菌脱色体系中，静置培养至染料完全脱色，将此混合液离心（30000×g，15min），所得上清液作为还原产物密闭保存于 4℃冰箱中。

在活性艳红 KE-3B（初始浓度 200mg/L）的厌氧污泥脱色体系中，分别加入上述 4 种还原产物（使其终浓度均为 0.5mmol/L），进行脱色实验，如图 6.2 所示。结果表明，未驯化污泥在 12 小时内对活性艳红 KE-3B 的脱色率仅为 16.5%；而加入酸性染料还原产物后，脱色性能均有不同程度提高，其中，酸性红 B 还原产物的脱色促进效应最明显，而且优于氧化还原介体 AQDS（0.1mmol/L）。酸性红 B 还原产物的加入使活性艳红 KE-3B 脱色率提高了 4.5 倍，达到 90.3%。这预示了这些酸性偶氮染料在生物脱色过程中，其还原产物将发挥介体作用加速染料本身生物还原反应，即自催化效应。同时，也从一个侧面解释了酸性偶氮染料的生物脱色速度快于其他偶氮染料的原因。

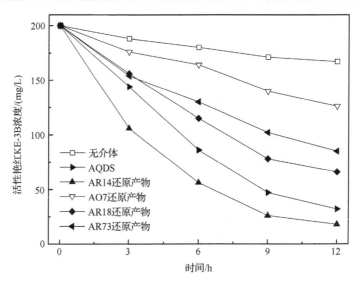

图 6.2　不同偶氮染料还原产物对活性艳红 KE-3B 生物脱色的影响

另外，为了进一步明确酸性红 B 还原产物的氧化还原介体性质，在序批式生物反应器（SBR）中，考察了其强化厌氧污泥对偶氮染料的生物脱色性能（图 6.3）。进水中活性艳红 KE-3B 浓度为 150～600mg/L，酸性红 B 还原产物浓度为 0.5mmol/L;污泥初始浓度约为 3g/L,每个反应周期为进水 0.1h,厌氧反应 8~30h,沉降 0.3h,排水 0.1h。结果表明,进水中酸性红 B 还原产物的存在,可以显著加速活性污泥处理活性艳红 KE-3B 体系的启动速度,而且在高负荷条件下(进水中活性艳红 KE-3B 浓度为 600mg/L,厌氧反应 30h),强化污泥体系仍可以保持良好的脱色性能,脱色率稳定在 95%左右,而普通污泥体系的脱色率则保持在 80%左右,显示了强化体系在处理高浓度染料废水中的技术优势。

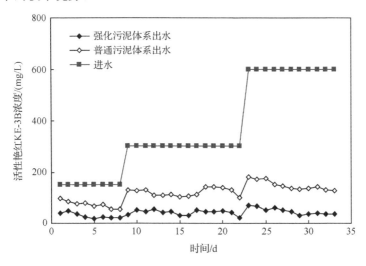

图 6.3　酸性红 B 还原产物强化活性污泥对活性艳红 KE-3B 的脱色

2. 酸性偶氮染料还原产物浓度对偶氮染料生物脱色的影响

在染料初始浓度为 200mg/L 的污泥脱色体系中,考察了不同的酸性红 B 还原产物浓度对活性艳红 KE-3B 和酸性红 B 生物脱色的影响,结果如图 6.4 所示。结果表明,在加入的酸性红 B 还原产物浓度<1.0mmol/L 时,活性艳红 KE-3B 和酸性红 B 的脱色率随着还原产物加入量的增加而明显提高;当大于 1.0mmol/L 时,2 种偶氮染料的脱色率基本趋于稳定,分别为 93%和 96%左右(厌氧反应 12h),即适宜的加入浓度为 0.5~1.0mmol/L。van der Zee 等研究发现,AQDS 浓度与偶氮染料脱色速率的关系类似于 Michaelis-Menten 方程。酸性红 B 还原产物浓度对偶氮染料生物脱色的影响与上述动力学特性基本一致。图 6.4 也证实了酸性红 B 厌氧脱色的自催化作用(酸性橙 7、酸性大红 3R 和酸性大红 GR 也具有类似效应)。

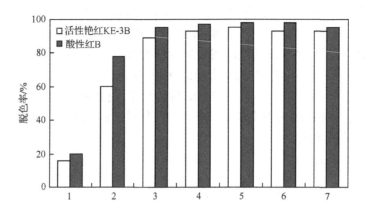

图 6.4　酸性红 B 还原产物浓度对偶氮染料生物脱色的影响
1. 无介体；2. 0.2mmol/L；3. 0.5mmol/L；4. 1.0mmol/L；
5. 10mmol/L；6. 50mmol/L；7. 100mmol/L

3. 酸性红 B 还原产物催化效应的广谱性

在酸性红 B 还原产物(浓度为 1.0mmol/L)存在下,考察了其对不同偶氮染料(浓度均为 200mg/L)厌氧脱色的影响(30℃、12h),实验结果如图 6.5 所示。可见,酸性红 B 还原产物可明显提高不同类型偶氮染料(酸性染料、活性染料和直接染料)的厌氧脱色性能;与无还原产物对照相比,酸性红 B 还原产物的存在对上述偶氮染料的生物脱色速率可提高 1.3 倍以上,尤其对难以降解的大分子染料(如直接耐晒黑 GF 和直接耐晒蓝 B2RL)的促进作用更显著(脱色速率约可提高 3 倍),表明了酸性偶氮染料还原产物的催化效应具有较强的广谱性。

4. 酸性偶氮染料与其他染料的混合生物脱色

由上述可知,一些酸性偶氮染料的生物还原产物可强化偶氮染料的生物脱色,且酸性红 B 的强化效果最为明显;而在实际染料废水中,通常也含有多种偶氮染料,因此,考察了酸性红 B 与其他偶氮染料共存时的生物脱色特性以及底物自催化效应。

酸性红 B(50mg/L)分别与活性艳红 KE-3B、活性艳红 K-2G 和酸性橙 7(初始浓度均为 150mg/L)混合后,在厌氧污泥体系中(pH 7.0,30℃)分别作用 12h。通过分析它们最大吸收波长的变化,可明确活性艳红 KE-3B、活性艳

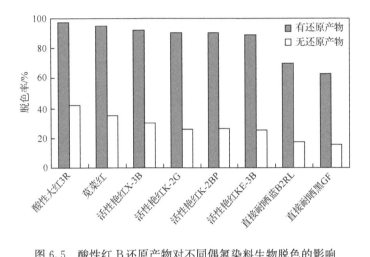

图 6.5 酸性红 B 还原产物对不同偶氮染料生物脱色的影响

红 K-2G 和 AO7 的脱色特性,结果如图 6.6 所示。可见,与单独偶氮染料相比,酸性红 B 的存在可明显提高活性艳红 KE-3B、活性艳红 K-2G 和 AO7 的厌氧脱色性能。其中,活性艳红 KE-3B 的脱色率提高了 1.2 倍。另外,由体系脱色过程的紫外全波扫描图(图 6.7)清晰可见,酸性红 B 加速了 AO7 的厌氧脱色。这种促进效应可能是由于在混合体系中酸性红 B 先脱色,而脱色产物能够起到氧化还原介体的作用,从而加速了偶氮染料的生物脱色。

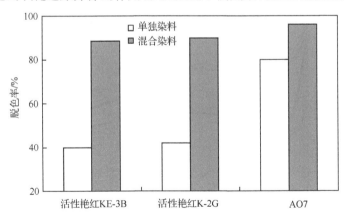

图 6.6 混合偶氮染料的生物脱色特性

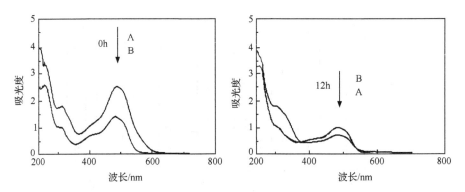

图 6.7　混合偶氮染料脱色过程的紫外扫描图

A. 酸性红 B 50mg/L 与 AO7 150mg/L 混合；B. AO7 150mg/L

6.3　底物自催化强化污染物生物还原的机理分析

以酸性红 B 自催化强化偶氮染料脱色为例。

1. 脱色体系的电化学活性

在上述适宜的脱色条件下，利用电化学工作站分析了酸性红 B 厌氧脱色前后的电化学活性，结果如图 6.8 所示。由循环伏安图可知，酸性红 B 脱色

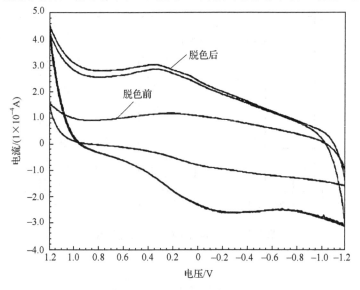

图 6.8　酸性红 B 生物还原产物的循环伏安图

后的生物还原产物具有明显的氧化还原峰(分别位于 338mV 和−209mV)；而酸性红 B 脱色前则未出现氧化或还原峰,说明酸性红 B 本身不具有氧化还原活性,而其还原产物含有氧化还原活性物质。因此,在酸性红 B 生物还原过程中形成的还原产物可作为介体,加速酸性红 B 的生物脱色,即自催化作用。同样,当酸性红 B 与其他污染物共存时,其生物还原产物也可催化强化其他污染物的生物转化过程,从而提高厌氧反应速率。

2. 脱色体系电化学活性物质的确定

在上述适宜的脱色条件下,酸性红 B 厌氧脱色后,将脱色混合液用 0.22μm 水系滤膜过滤 10mL,密封。采用高效液相色谱-质谱(HPLC-MS)分析酸性红 B 的脱色产物,以进一步确定脱色体系的电化学活性物质。结果表明,液相色谱图保留时间为 4.17min 对应的质谱图中产生了一个 m/z 为 222 的离子峰(图 6.9),其可见最大吸收波长为 319nm,推测为 1-萘胺-4-磺酸。液相色谱图保留时间为 3.42min 对应的质谱图中出现了 m/z 为 237 的物质,推测为 2-氨基-1-萘酚-4-磺酸。1-萘胺-4-磺酸不具有氧化还原活性；2-氨基-1-萘酚-4-磺酸在空气中不稳定,可以发生自氧化反应而形成有色物质(其最大吸收波长为 460nm),因此,2-氨基-1-萘酚-4-磺酸为酸性红 B 厌氧脱色体系中的电化学活性物质。

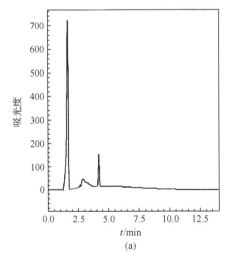

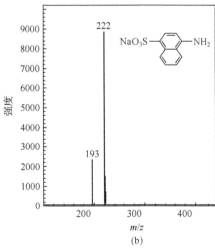

(a)　　　　　　　　　　　　　　　　(b)

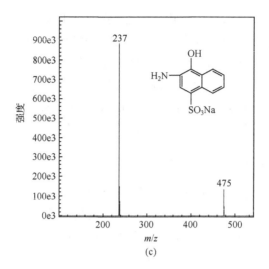

图 6.9　酸性红 B 生物还原产物的 HPLC-MS 分析

（a）液相色谱图；（b）保留时间为 4.17min 的质谱图；（c）保留时间为 3.42min 的质谱图

3. 酸性红 B 催化强化偶氮染料生物脱色的机理

基于高效液相色谱-质谱和循环伏安对酸性红 B 还原产物的分析结果，并结合偶氮染料生物脱色机理，酸性红 B 催化强化偶氮染料生物脱色的作用机理分析如下。

首先在酸性红 B 的生物脱色反应中，生成了具有氧化还原活性的 2-氨基-1-萘酚-4-磺酸钠[图 6.10（a）]；2-氨基-1-萘酚-4-磺酸钠能够可逆地形成 2-氨基-1-萘醌-4-磺酸钠[2-氨基-1-萘醌-4-磺酸盐被微生物醌还原酶还原为 2-氨基-1-萘酚-4-磺酸盐，图 6.10（b）]；2-氨基-1-萘酚-4-磺酸作为氧化还原介体按化学反应还原偶氮染料[包括酸性红 B，图 6.10（c）]，同时，2-氨基-1-萘酚-4-磺酸钠被氧化成为 2-氨基-1-萘醌-4-磺酸钠，介体进入下一个氧化还原循环，从而加速了多种偶氮染料的生物脱色[图 6.10（d）]。

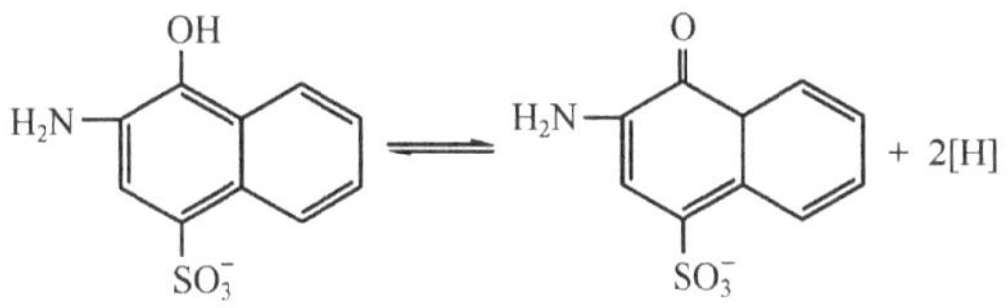

(b)

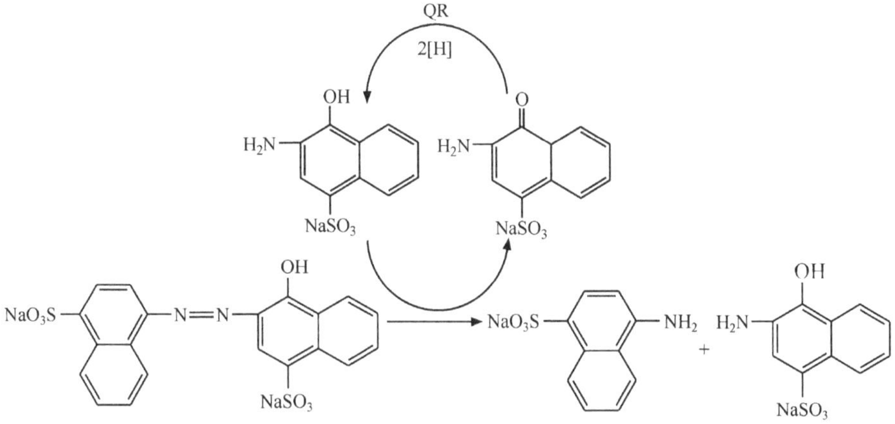

(c)

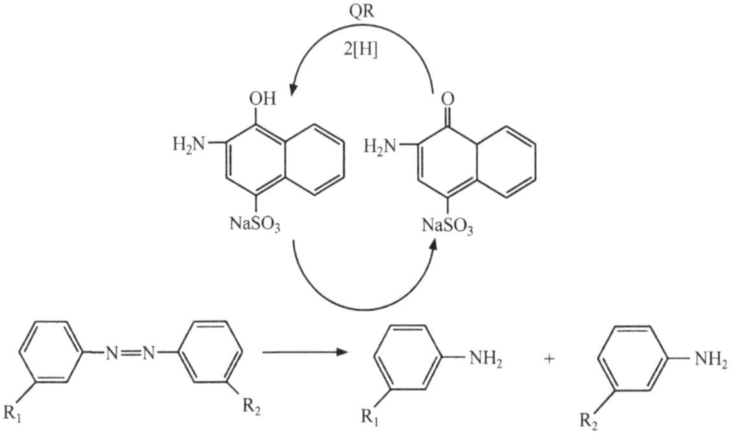

(d)

图 6.10　酸性红 B 催化强化偶氮染料生物脱色的机理

(a) 酸性红 B 生物脱色反应；(b) 2-氨基-1-萘酚-4-磺酸盐生成醌的可逆反应；

(c) 酸性红 B 生物还原的自催化反应；(d) 酸性红 B 催化强化其他偶氮染料生物脱色

根据上述底物自催化机理,可以预测在厌氧条件下,当酸性红 B 等这类酸性偶氮染料与氧化性物质(如硝基化合物、多卤有机物、金属氧化物、Cr(Ⅵ)等、微生物燃料电池阳极等)共存时,均可发生底物自催化强化生物还原转化反应,从而更深入地了解上述氧化性物质的生物转化规律,并有助于研发新型的污染物生物修复工艺。

6.4　基于吸附-再生机理的自催化性底物生物降解

当具有自催化特性的偶氮染料还原形成芳香胺后,在常规的好氧曝气处理过程中会发生自氧化反应,形成难以好氧降解的自氧化产物。研究发现,这类芳香胺的自氧化速度取决于芳香胺的浓度,浓度越高,则自氧化速率越快;在高效的降解微生物存下,当芳香胺低于某浓度时,其好氧降解速率会高于自氧化速率,从而使自氧化性芳香胺彻底生物矿化。于是设想,在处理体系中加入吸附性生物载体,通过吸附作用降低液相中自氧化性芳香胺的浓度,从而降低其自氧化速率,提高生物降解速率;然后再解吸和降解,最终,自氧化性芳香胺在吸附-原位再生过程中被不断地彻底好氧降解。

生物反应器为有机玻璃材质,有效容积为 5L;底部膜管曝气;设有搅拌。反应器按 SBR 方式运行,每个反应周期:进水 0.1h,厌氧 12~18h,曝气 24h,沉降和排水 0.5h(85% 体积交换率)。初始接种污泥为芳香胺好氧降解污泥与厌氧污泥的混合物($2:1, w/w$),浓度约为 3g/L。进水组成为:AO7,50~200mg/L;葡萄糖,150mg/L;NH_4Cl,100mg/L;KH_2PO_4,36mg/L;$MgCl_2 \cdot 6H_2O$,36mg/L;NaCl,36mg/L;$CaCl_2 \cdot 2H_2O$,8.0mg/L;$FeCl_3$,8.0mg/L;$NaHCO_3$,144mg/L;pH,7.0。

1. 吸附性生物载体的选择

以对 AO7 厌氧脱色出水 COD 的吸附性能为指标,筛选吸附性生物载体。吸附试验在厌氧瓶中进行,分别加入 200mg/L AO7 的厌氧脱色出水和不同的吸附材料(约 3g/L),曝氮气 15min,密封,30℃,150r/min 摇床振荡 12h,计算 COD 的吸附平衡量,以考察不同的吸附材料对吸附性能的影响,结果如图 6.11所示。由图可见,污泥本身对出水 COD 的平衡吸附很小,COD 去除率仅 5% 左右。在椰壳颗粒活性炭(GAC1)、煤基颗粒活性炭(GAC2)、活性炭纤维(ACF)和改性聚氨酯泡沫(PUF)4 种生物载体中,ACF 对出水 COD 的吸附性能最强,COD 去除率达到 70% 以上;而且,吸附余液曝气 24h 未出现颜色变化(原厌氧出水曝气后则变为淡黄色,浓度越高,变黄越快,颜色越深),

说明在曝气 24h 内未发生自氧化反应,从而有利于厌氧出水在好氧阶段不断被彻底生物降解,而其他 4 种吸附余液在曝气过程中均变为淡黄色。因此,ACF 可作为适于处理自氧化性有机物的生物载体。

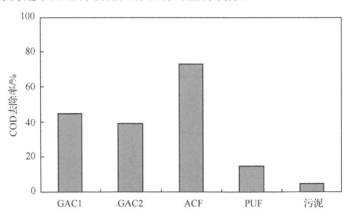

图 6.11　生物载体对 AO7 厌氧脱色出水的吸附性能

2. ACF 对 AO7 生物脱色与降解的影响

前期的静态等温吸附实验表明,在一定浓度范围内,ACF 吸附 AO7 遵循 Freundlich 模型。其中,模型中 $1/n$ 值为 0.203,介于 0.1～0.5 之间,说明 ACF 易于吸附 AO7,且吸附能力较强。

将吸附性生物载体 ACF 加入 SBR 反应器中,考察了 AO7 在该体系中的生物脱色和降解性能,如图 6.12 所示。结果表明,当进水 AO7 浓度由 50mg/L 逐渐增加至 200mg/L 时,污泥-ACF 体系在整个运行期间,出水 COD 保持在 5～20mg/L 左右,COD 去除率达到 90% 以上;AO7 脱色率稳定在 95% 以上,反应过程中上清液为无色,而且体系污泥沉降性能良好。在污泥-ACF 体系中,由于 ACF 对 AO7 脱色产物具有较好的吸附性能,故体系液相中的中间产物浓度较低,其自氧化速率可能小于好氧生物降解速率,自氧化性的脱色产物得以被矿化;同时,被 ACF 吸附的脱色中间产物不断地解吸、再好氧降解,ACF 被原位生物再生,进入下一个吸附-解吸-降解的循环。而对于 ACF 体系(无污泥),运行初期对 AO7 具有较好的吸附性能,但随着运行时间的延长,ACF 趋于吸附饱和。因此,污泥-ACF 体系对 AO7 和 COD 的去除主要是由生物降解完成。

在一个好氧降解周期中,AO7 脱色产物的紫外-可见波谱变化如图 6.13 所示。可见,脱色产物的 250nm 处特征吸收峰值随着降解时间的延长而逐渐

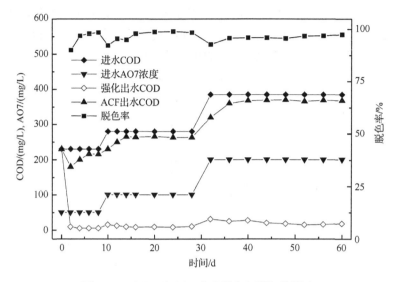

图 6.12　ACF 对 AO7 生物脱色与降解的影响

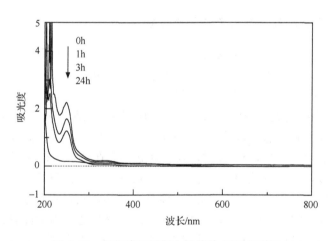

图 6.13　好氧降解周期中的紫外-可见光谱图

下降;反应 24h 后,反应器出水的该特征吸收峰消失,说明芳香胺已经彻底降解。

　　在污泥-ACF 体系中,悬浮态污泥以球菌占优势,而且通过微生物分泌的胞外聚合物形成污泥聚集体;少量丝状菌交错缠绕在污泥絮体内,使悬浮态污泥具有更好的絮凝性[图 6.14 (a)],从而有利于泥水分离,提高了出水水质。而 ACF 上则吸附被胞外聚合物黏着的球菌、杆菌和丝状菌,具有更高的微生物多样性[图 6.14(b)]。

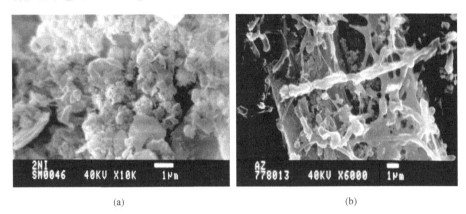

图 6.14 污泥-ACF 体系中微生物的 SEM 照片
(a) 悬浮态；(b) 附着态

6.5 基于膜曝气生物反应器的自催化性底物生物降解

如上所述，具有自催化特性的底物(如偶氮染料)在结构上往往具有共同的特性，如偶氮键邻位有羟基取代等。当具有这种结构的偶氮染料在厌氧条件下还原形成的芳香胺类，在常规的好氧处理过程中会进行自氧化反应(自氧化速率与其浓度成正比)，形成极其难降解的自氧化产物(如芳香胺二聚体)，从而阻碍偶氮染料的彻底生物降解。只有解决了芳香胺的自氧化与好氧降解之间的矛盾，才能实现偶氮染料的完全矿化。而传统的厌氧-好氧处理技术无法解决上述问题。基于此，采用了膜曝气生物反应器(membrane-aerated biofilm reactor，MABR)降解自催化性底物的新工艺。

在 MABR 中，膜材料同时起到供氧和生物载体的作用；气相走膜内腔，废水在膜外侧流动，氧和污染物分别从生物膜的两侧进入到膜管生物膜内。适当控制气体分压可使反应器液相主体和生物膜外层呈缺氧状态，适于偶氮染料进行还原反应；还原产物芳香胺与氧在膜管生物膜内部呈现逆向浓度梯度分布[如图 6.15(b)所示，即异向传质特性，而常规好氧反应器中则是同向传质]，并在适宜条件下，好氧降解速率大于自氧化速率。这样既可有效地防止芳香胺自氧化聚合，又可使芳香胺快速地好氧降解，在同一反应器内同步实现了偶氮染料的高效还原和矿化。

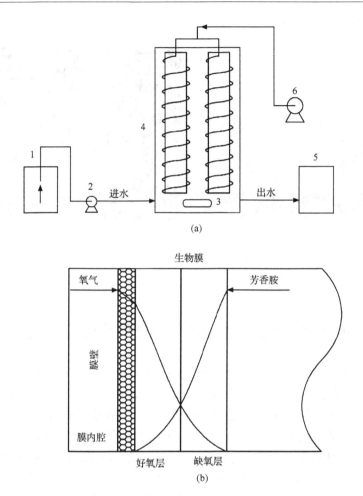

图 6.15 膜曝气生物反应器处理染料废水工艺流程图(a)及传质特性(b)

1. 进水槽；2. 进水泵；3. 水下搅拌器；4. 膜曝气生物反应器；5. 出水槽；6. 气泵

6.5.1 MABR 中偶氮染料 AO7 的降解特性

MABR 处理偶氮染料废水（以 AO7 为模型染料）的工艺流程如图 6.15(a)所示。反应器中膜组件采用卷绕式硅橡胶致密膜，膜内径 1.5mm，膜厚 0.5mm；反应器用有机玻璃制作，有效容积 2L，设有搅拌。

1. 挂膜

进水组成为葡萄糖 400mg/L、$(NH_4)_2SO_4$、Na_2HPO_4、KH_2PO_4、微量

$CaCl_2$、$MgSO_4$ 和 $FeCl_3$，COD：N：P＝100：5：1，pH 为 7.0。首先间歇方式进水；膜组件连续曝气，并保持曝气压力在泡点之上；温度保持在（25±1）℃；反应器中溶解氧＞3.5mg/L。先加入 4-氨基苯磺酸高效降解菌（0.2g/L），内循环 6h。然后加入活性污泥（MLSS 为 3.5g/L）继续挂膜。2 天后连续进水。当生物膜肉眼可见且稳定，生物膜镜检时可发现有钟虫等出现；进水 COD 去除率达 90％以上时，挂膜完成。

2. 污泥驯化

当成功挂膜之后，进行偶氮染料降解微生物的驯化。污泥驯化期间，温度保持在（25±1）℃，反应器溶液中溶解氧＜0.2mg/L。进水组成为偶氮染料200mg/L、葡萄糖 200mg/L、$(NH_4)_2SO_4$、Na_2HPO_4、KH_2PO_4、微量 $CaCl_2$、$MgSO_4$ 和 $FeCl_3$，COD：N：P＝100：5：1，pH 为 7.0。间歇方式进水；膜组件连续曝气，保持曝气压力在泡点之下。首先将原进水稀释 4 倍作为初始进水，每当进水中 COD 去除率达 85％以上时，再逐步增加进水偶氮染料浓度，进入下一轮驯化，直至驯化完成。

3. MABR 启动及运行

污泥驯化完成后，MABR 以 SBR 方式运行，每个反应周期：进水 0.1h，膜管内腔曝气 23.5h，沉降 0.3h，排水 0.1h（85％ 体积交换率）。进水组成为AO7 50～200mg/L，葡萄糖 150mg/L，酵母粉 30mg/L，KH_2PO_4 36mg/L，$MgCl_2 \cdot 6H_2O$ 36mg/L，NaCl 36mg/L，$CaCl_2 \cdot 2H_2O$ 8mg/L，$FeCl_3$ 8mg/L，$NaHCO_3$ 144mg/L，pH 为 7.0。MABR 运行期间，温度保持在（25±1）℃，反应器溶液中溶解氧＜0.2mg/L，如图 6.16 所示。结果表明，在适宜的进气压力下，当进水 AO7 浓度从 50mg/L 增加至 200mg/L 时，出水中 AO7 脱色率达到 92％以上；而且出水无色且稳定，COD 保持在 40mg/L 左右。另外，在每个运行周期中，AO7 在前 12h 内即可脱色约 86％，这是由 AO7 的自催化脱色特性所致（其脱色产物，1-氨基-2-萘酚具有氧化还原活性，如图 6.17 所示）；而此时 COD 去除率约 60％。随着芳香胺的不断被降解，最终 COD 去除率进一步提高至 88％左右。

AO7 生物脱色后形成 2 种芳香胺，即 1-氨基-2-萘酚和 4-氨基苯磺酸。HPLC-MS 分析发现，MABR 出水中主要化合物的 m/z 为 172，推测该物质为4-氨基苯磺酸。1-氨基-2-萘酚易发生自氧化而形成淡黄色难降解有机物。但如果能够有效抑制其自氧化反应（如在 MABR 中），则 1-氨基-2-萘酚可以被

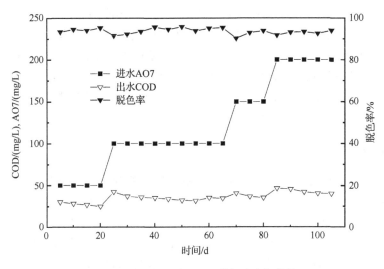

图 6.16 MABR 中 AO7 脱色及降解特性

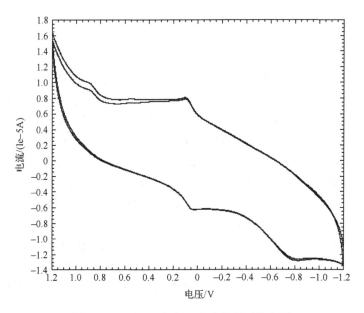

图 6.17 A/O 工艺中 A 出水的循环伏安图

好氧矿化。而磺酸基芳香胺通常难以好氧生物降解,只有一些特殊微生物可对其矿化。对 MABR 的生物膜进行 PCR-DGGE 分析表明,投加的 4-氨基苯磺酸降解菌在膜管生物膜中占优势。因此,强化的高效降解菌可贡献 4-氨基苯磺酸的有效降解,从而提高 COD 去除率。

6.5.2　MABR 与常规厌氧/好氧工艺降解偶氮染料 AO7 的比较

A/O 工艺的厌氧和好氧反应器中接种驯化污泥(MLSS 均为 3.5g/L),均加入 4-氨基苯磺酸高效降解菌(0.2g/L)。A 和 O 反应器均按 SBR 方式运行,每个反应周期:进水 0.1h,反应 23.5h,沉降 0.3h,排水 0.1h(85%体积交换率)。温度均保持在(25±1)℃,好氧反应器中曝气头曝气,溶解氧 >3.5mg/L;厌氧反应器中溶解氧<0.2mg/L。A/O 工艺进水组成与 MABR 相同,AO7 浓度为 200mg/L。MABR 与 A/O 工艺降解 AO7 的性能如表 6.1 所示。结果表明,在 A/O 工艺中,厌氧反应器出水的脱色率与 MABR 相当,但最终 COD 去除率却比 MABR 低 25%左右,而且出水一直呈淡黄色。HPLC 分析表明,该黄色物质在 420nm 处出现明显吸收峰,而 MABR 出水中未检测到。该黄色化合物可能是 1-氨基-2-萘酚的自氧化产物,其难生物降解特性导致了常规 A/O 工艺对 AO7 较低的矿化率。但 MABR 则可以有效地解决自氧化性有机物生物处理中形成难降解中间产物而阻碍其彻底生物降解的这一技术瓶径,并在同一反应器内同步实现了偶氮染料的生物还原和矿化,为该类废水提供了一种高效的生物处理技术。

表 6.1　MABR 与 A/O 工艺降解 AO7 的性能比较

工艺	脱色率/%	COD 去除率/%	出水颜色
MABR	92.5	88.3	无
A/O	92.6(A 出水)	63.5(O 出水)	淡黄(O 出水)

第7章　微生物自介导强化污染物生物还原

内源性介体除了来自污染物本身或其降解中间产物之外,也可以来自污染物降解体系中的微生物。通常,微生物细胞壁的主要组分(如肽聚糖、脂质以及其他多糖等)均无氧化还原活性。许多研究表明难降解有机物的厌氧还原转化通常是在胞内进行的,其还原酶定位在细胞膜、周质或细胞质中。然而,一些特殊微生物(如电化学活性菌)在特定条件下,菌体表面可形成氧化还原组分或向胞外分泌氧化还原性物质。这些微生物厌氧还原污染物是一种菌体自介导的胞外还原过程:①细菌产生氧化还原介体,由介体将电子传递给电子受体,如 Shewanella 分泌黄素类化合物;Pseudomonas 产生吩嗪类化合物等;②细菌与电子受体直接接触,通过纳米导线或细胞表面氧化还原组分(如革兰氏阴性菌的外膜氧化还原蛋白等),将胞内电子直接传递给电子受体。这种降解途径可使污染物及中间产物对微生物的毒性降至最低;而且可避免污染物从胞外向胞内的运输限制;使微生物对毒性底物最大化利用。尤其在低温、高浓度、高毒性等条件下具有更明显的优势。这既克服了外源性介体的诸多弊端,又可大幅度提高难降解有机物的厌氧转化速率,从而有助于研发新型难降解有机废水生物处理工艺以及地下水生物修复工艺。

通常认为,电化学活性菌只有在固态电子受体存在时[如 Fe(Ⅲ)氧化物、电极等],表面才形成电化学活性组分或向胞外分泌氧化还原介体(即诱导性的)[58]。因此,如何发挥电化学活性菌在水处理体系中的作用及其调控策略是一个全新的研究课题。

7.1　电化学活性菌的筛选及生理生化特性

由图 2.6 可知,高效醌还原菌群中的主要优势菌为 Lactococcus sp. , Shewanella sp. 和 Pseudomonas sp. 。而上述 3 个属均是微生物燃料电池中的主要产电菌。因此,根据上述高效醌还原菌群的分子生态特性,并结合常规培养法,以大分子偶氮染料为选择性电子受体,筛选目标电化学活性菌。

采用 LB 培养基好氧平板涂布法从本实验室保存的醌还原菌群中初步分离纯化得到 9 株单菌。将分离得到的单菌分别标记为 1～9 号。然后,以酸性大红 GR 为底物,采用静态血清瓶培养,在不投加外源介体的条件下考察菌株还原偶氮染料的能力。

　　向血清瓶中加入酸性大红 GR 模拟染料废水,其中,酸性大红 GR 浓度为 100mg/L,葡萄糖为碳源。再分别接入 1～9 号菌株,使体系中菌体 OD_{660} 为 0.3,置于 30℃恒温培养箱内进行脱色反应,反应 6h 后分别测定其脱色率,以考察 9 株菌对偶氮染料的厌氧脱色性能。结果发现,6 号菌株对酸性大红 GR 的脱色效果最好,6h 脱色率达到 98%;其余 8 株菌的 6h 脱色率在 20% 以下。6 号菌株能够在不投加外源介体的条件下高效还原偶氮染料,将 6 号菌株命名为 XB。

　　菌株 XB 为革兰氏阴性菌,呈杆状,无鞭毛,大小约为(0.4～0.5μm)×(2.9～3.2μm)。在固体培养基上,菌株 XB 呈圆形、凸起,菌落较小,边缘整齐,表面湿润,菌体呈粉红色,容易挑起。菌株 XB 扫描电镜照片如图 7.1 所示。

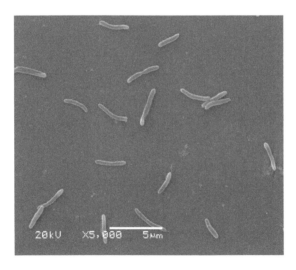

图 7.1　菌株 XB 的形态

　　菌株 XB 的唯一碳源实验以及抗性实验结果分别如表 7.1 和表 7.2 所示。可以看出,菌株 XB 对氯霉素有抗性;能够以甲酸钠、乳酸钠、丙酸钠、葡萄糖、蔗糖、乳糖等物质作为唯一碳源生长。

表 7.1　菌株 XB 的唯一碳源实验

唯一碳源	结果	唯一碳源	结果
乳酸钠	＋	柠檬酸	－
蔗糖	＋	乳糖	＋
麦芽糖	＋	乙酸钠	－
半乳糖	＋	α-乳糖	＋
EDTA-Na$_2$	－	丙酸钠	＋
果糖	＋	山梨糖	－
甲酸钠	＋	葡萄糖	＋
甘露醇	－	丁二酸钠	＋

表 7.2　菌株 XB 的抗性实验

抗生素	浓度/(μg/mL)	结果
四环素	25	－
氯霉素	100	＋
卡那霉素	50	－
链霉素	20	－
氨苄青霉素	60	－

　　根据菌株 XB 的 16S rDNA 测序结果,登录 GenBank 进行序列比对,用 MEGA 4.1 软件构建菌株的系统发育树,如图 7.2 所示。可以看出,菌株 XB

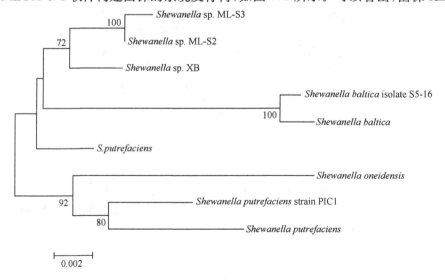

图 7.2　菌株 XB 的系统发育树

与希瓦氏菌属有很高的同源性,将菌株 XB 命名为 *Shewanella*. sp. XB。Gen-
Bank 登录号为 GU001720。作为醌还原菌群中的优势菌株,*Shewanel-
la*. sp. XB 在 DGGE 中对应的位置如图 7.3 所示。

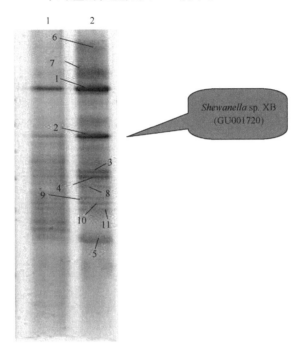

图 7.3　非培养法结合培养法分离电化学活性菌
1. 驯化前;2. 驯化后

7.2　电化学活性菌自介导降解毒性污染物

7.2.1　*Shewanella* sp. XB 对偶氮染料的生物脱色

以难以进入细胞内的三偶氮染料直接耐晒蓝 B2RL 为研究对象。其化学
结构式如图 7.4 所示。

1. *Shewanella* sp. XB 脱色直接耐晒蓝 B2RL 的影响因素

1) 温度
温度是生物催化反应的重要影响因素。在直接耐晒蓝 B2RL 初始浓度为

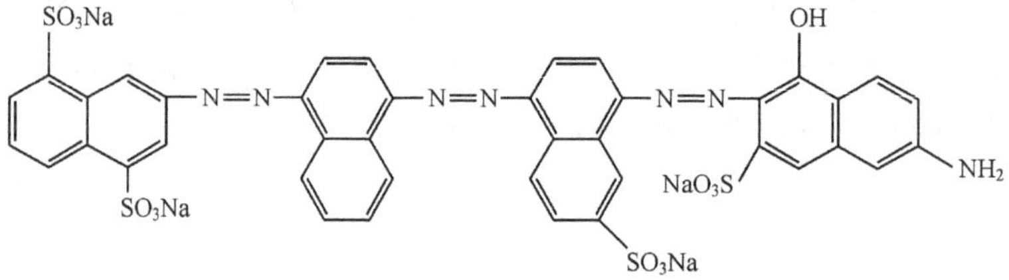

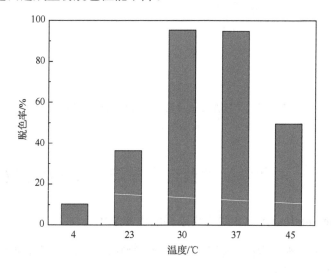

图 7.4　直接耐晒蓝 B2RL 的化学结构

200mg/L 的模拟染料废水中接入菌株 XB,并分别在 4℃、23℃、30℃、37℃ 和45℃的条件下进行厌氧脱色,以考察温度对 *Shewanella* sp. XB 脱色偶氮染料的影响,结果如图 7.5 所示。可以看出,温度对菌株 XB 脱色染料性能具有显著的影响,而且,菌株 XB 对温度的适应范围较广。在 30～37℃ 范围内厌氧培养 15h 后,菌株 XB 对直接耐晒蓝 B2RL 均有较高的脱色率,均可达到 90% 以上。其中,温度为 30℃ 时的脱色率最高为 97.5%。当温度低于 23℃ 和高于45℃时,B2RL 脱色率下降明显,可能是由于低温或高温导致"偶氮还原酶"活力降低,进而造成生物脱色性能下降。

图 7.5　温度对直接耐晒蓝 B2RL 脱色率的影响

2) pH

在生物反应体系中,pH 可以影响底物和菌体的带电状态,从而影响生物反应速率。在直接耐晒蓝 B2RL 初始浓度为 200mg/L 的模拟染料废水中接入菌株 XB,并分别在 pH 为 3.0、5.0、7.0、9.0 和 11.0,30℃条件下进行厌氧脱色,以考察初始 pH 对 *Shewanella* sp. XB 脱色偶氮染料的影响,结果如图 7.6 所示。可见,菌株 XB 可在较宽泛的 pH 范围对直接耐晒蓝 B2RL 厌氧脱色。其中,pH 在 7~9 之间时,厌氧培养 15h 后,脱色率可达到 90%以上;当 pH=7.0 时脱色效果最佳,脱色率达到 95.3%;pH=5.0 时,脱色率在 80%左右;当 pH 低于 5.0 或高于 9.0 时,脱色性能下降明显,脱色率均低于 30%。结果表明,偏碱性条件更有利于菌株 XB 对直接耐晒蓝 B2RL 的脱色,这与许多文献报道的染料细菌脱色结果相一致。可能是由于细菌在生长代谢过程中能够产酸,使得菌体生长环境的 pH 有所降低,当培养基初始 pH 偏碱性时,菌体产酸可中和碱性的培养基,使培养环境接近中性,较为适合菌体生长和代谢。培养基的 pH 过高或过低都可对微生物的生长与代谢造成影响,进而降低其对染料的脱色性能。

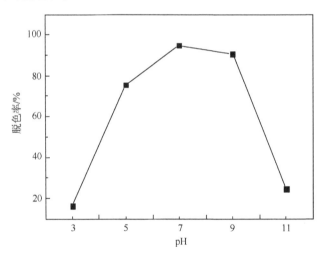

图 7.6　pH 对直接耐晒蓝 B2RL 脱色率的影响

3) 电子供体种类

有机电子供体可为菌体提供碳源和能源。不同的电子供体对菌体生长和代谢有显著的影响。分别投加乳酸钠、甲酸钠、葡萄糖、丙酸钠、蔗糖、乳糖、丁二酸钠、EDTA-Na$_2$ 作为电子供体,其浓度均为 10mmol/L,在直接耐晒蓝 B2RL 浓度为 200mg/L,菌体干重为 0.15g/L,30℃,pH 为 7 的条件下进行厌氧脱色,以考察不同电子供体对染料脱色的影响,结果如图 7.7 所示。可见,菌株 XB 能够以多种有机物作为电子供体还原偶氮染料。其中,以

EDTA-Na₂ 作为电子供体时,对直接耐晒蓝 B2RL 的脱色效果较差,脱色率低于 65%。而在以乳酸钠、甲酸钠、丙酸钠、葡萄糖、丁二酸钠为电子供体时,对直接耐晒蓝 B2RL 有较好的脱色效果,15h 内脱色率均达到 90% 以上,尤其以乳酸钠为电子供体时的脱色率最高为 95.3%。也有研究表明,希瓦氏菌属可利用甲酸钠、乳酸钠等化合物作为最适电子供体脱色偶氮染料。

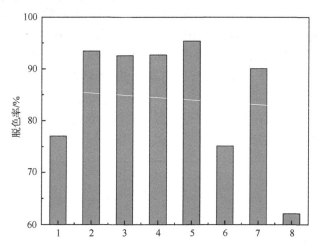

图 7.7　电子供体对直接耐晒蓝 B2RL 脱色率的影响

1. 蔗糖;2. 甲酸钠;3. 葡萄糖;4. 丙酸钠;5. 乳酸钠;6. 乳糖;7. 丁二酸钠;8. EDTA-Na₂

4) 电子供体浓度

电子供体浓度对偶氮染料废水 A/O 处理工艺的 COD 去除率有显著的影响。投加不同浓度的适宜电子供体——乳酸钠,分别为 0mmol/L、5mmol/L、10mmol/L、15mmol/L、20mmol/L 和 25mmol/L。在直接耐晒蓝 B2RL 浓度为 200mg/L,菌体干重为 0.15g/L,30℃,pH 为 7 的条件下进行脱色,以考察电子供体浓度对染料生物脱色的影响。由图 7.8 可知,在无乳酸钠的情况下,菌株 XB 对直接耐晒蓝 B2RL 的脱色能力较低,脱色率仅为 34.5%。当乳酸钠浓度增至 5mmol/L 时,脱色率快速增至 80% 左右。随着乳酸钠浓度进一步增加,菌株 XB 对直接耐晒蓝 B2RL 的脱色率增加趋缓,当乳酸钠浓度达到 20mmol/L 时,脱色率可达 96.3%。继续增加乳酸钠浓度至 25mmol/L,脱色率降至 90% 左右,这种现象与其他微生物或活性污泥处理染料废水的结论类似。上述结果表明,菌株 XB 对直接耐晒蓝 B2RL 的脱色需要外加一定浓度的碳源作为电子供体,乳酸钠适宜浓度为 20mmol/L。

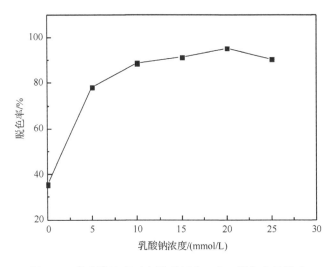

图 7.8　乳酸钠浓度对直接耐晒蓝 B2RL 脱色率的影响

5）染料浓度

模拟染料废水中直接耐晒蓝 B2RL 浓度分别为 100mg/L、200mg/L、500mg/L、1000mg/L、2000mg/L、3000mg/L 和 4000mg/L，在菌体干重为 0.15g/L，乳酸钠浓度为 20mmol/L，30℃，pH 为 7 的条件下脱色 18h，考察染料起始浓度对菌体脱色的影响。在不同染料初始浓度下菌株 XB 对直接耐晒蓝 B2RL 的脱色率以及染料的平均脱色速率如图 7.9 所示。由图可见，直接耐晒蓝 B2RL 浓度在 100～4000mg/L 范围内，菌株 XB 均能够对直接耐晒蓝 B2RL 都有较好的脱色效果。直接耐晒蓝 B2RL 浓度在 100～500mg/L 时，其脱色率在 15h 即可达到 95% 以上；直接耐晒蓝 B2RL 浓度在 1000～4000mg/L 时，其脱色率可在 18h 内达到 90% 左右。另外，随着染料初始浓度的增加，直接耐晒蓝 B2RL 的平均降解速率呈上升趋势，直接耐晒蓝 B2RL 浓度为 100mg/L 时，染料的平均降解速率为 6.2mg/(L·h)；当直接耐晒蓝 B2RL 浓度增加到 4000mg/L，染料的平均降解速率增加至 235.6mg/(L·h)。实验结果表明，染料初始浓度对接耐晒蓝 B2RL 的平均降解速率呈正比，菌株 XB 对高浓度偶氮染料废水具有更高的脱色效率。与其他细菌、丝状真菌和酵母菌相比，*Shewanella*. sp. XB 对偶氮染料的脱色性能具有明显的优势。

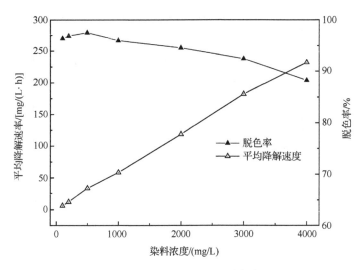

图 7.9　染料起始浓度对 B2RL 脱色率的影响

2. *Shewanella* sp. XB 脱色偶氮染料的广谱性

实际染料废水中通常多种染料并存,因此,有必要考察菌株脱色偶氮染料的广谱性。配制 9 种模拟染料废水(偶氮染料浓度均 200mg/L),在菌体初始干重为 0.15g/L、乳酸钠浓度为 20mmol/L、30℃、pH 为 7 的条件下进行厌氧脱色 15h,以考察 *Shewanella* sp. XB 对不同偶氮染料的脱色能力,结果如图 7.10 所示。可以看出,菌株 XB 对该 9 种偶氮染料有明显的脱色作用,除直接耐晒黑 GF 外(脱色率为 80% 左右),其余 8 种染料的脱色率均可达到 90% 以上。相比较活性染料,菌株 XB 对酸性染料的脱色效果更好,其原因可能是活性染料通常含有碳/氮杂环结构,存在一定的空间阻遏;偶氮染料的脱色率与所含偶氮键的数量密切相关,含有偶氮键越多的染料,越难脱色,单偶氮料的脱色略快于双偶氮染料;另外,磺酸基对染料的脱色有一定抑制作用,染料分子中含有越多的磺酸基,脱色率越低。结果表明,在无外源介体的条件下,菌株 XB 可以高效还原酸性染料、活性染料以及直接染料等多种结构的偶氮染料。*Shewanella* sp. XB 与其他菌株相比,对于含多个偶氮键的染料(如直接耐晒蓝 B2RL 和直接耐晒黑 GF 等)的脱色能力具有明显优势。据报道,其他一些偶氮染料还原菌只有在投加外源氧化介体的条件下才能够还原上述两种多偶氮染料。

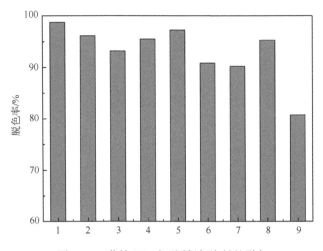

图 7.10　菌株 XB 对不同偶氮染料的脱色

1. 酸性橙 7；2. 酸性红 B；3. 酸性大红 3R；4. 酸性大红 GR；5. 酸性金黄 G；6. 活性艳红 X-3B；
7. 活性艳红 KE-3B；8. 直接耐晒蓝 B2RL；9. 直接耐晒黑 GF

3. *Shewanella* sp. XB 对直接耐晒蓝 B2RL 的脱色过程

基于上述结果，在适宜的生物脱色条件下（乳酸钠浓度为 20mmol/L、直接耐晒蓝 B2RL 浓度为 200mg/L、接菌量为 0.15g/L、pH＝7.0、30℃）进行厌氧脱色，以考察 *Shewanella* sp. XB 对直接耐晒蓝 B2RL 的脱色过程，实验结果如图 7.11 所示。由图可知，菌株 XB 对直接耐晒蓝 B2RL 的脱色率随培养时间的延长而增加；脱色过程分为两个阶段：前 6h 的快速脱色阶段和后 10h 的缓慢脱色阶段。6h 时脱色率已达到 70％左右，平均脱色速率为 23.2mg/(L·h)；6h 后脱色能力趋缓，平均脱色速率为 5.6mg/(L·h)。在厌氧培养 16h 后，脱色率达到最大为 98.1％，菌体为粉红色。

细菌对染料的脱色作用包括生物吸附和生物降解。如果在脱色过程中上清液中所有吸收峰的吸光值出现相同程度的下降，那么，该菌体以生物吸附方式进行脱色；如果上清液在可见光区的吸收峰完全消失，或者出现新的吸收峰，则菌体以生物降解方式进行脱色。对脱色过程中的上清液进行紫外-可见吸收光谱全波长扫描发现，在初始时刻，直接耐晒蓝 B2RL 在 582nm 附近有特征吸收峰，随着培养时间的延长，上清液的最大吸收波长有所降低，在厌氧培养 4h 时，其最大吸收波长稍微左移（由 582nm 移至 565nm），培养液由蓝色变为蓝紫色；直接耐晒蓝 B2RL 的最大吸收波长处吸光值比 0h 时下降约

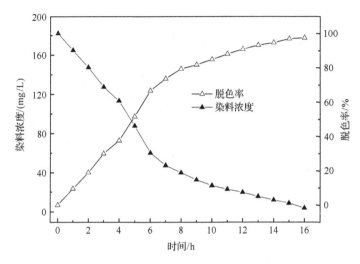

图 7.11　菌株 XB 对直接耐晒蓝 B2RL 的脱色过程

40%。培养至 16h 时,可见光区的吸收峰几乎消失,染料脱色率大于 98%,紫外区的吸收峰也有所下降,但其变化速度较为缓慢。可见,菌株 XB 脱色直接耐晒蓝 B2RL 是以生物降解方式进行的。

4. 胞外电化学活性物质及其对偶氮染料生物脱色的促进作用

为了确定 *Shewanella* sp. XB 厌氧培养条件下是否产生胞外电化学活性物质及其在生物脱色中的作用,进行了如下完整细胞脱色实验。以磷酸盐缓冲溶液(PBS)为反应基质,在酸性红 B 浓度为 50mg/L、NADH 浓度为 0.1mmol/L、XB 完整细胞干重为 0.15g/L、30℃条件下,进行脱色实验,反应时间为 48min,考察无机盐厌氧培养上清液(MSCS)对染料生物脱色的影响。结果如图 7.12 所示。可见,在无 NADH(电子供体)和无完整细胞的情况下,体系均不能进行脱色,48min 内染料几乎没有降解;在染料、NADH 和完整细胞共存体系中添加灭菌无机盐培养基(MS)与否,对染料脱色率影响不大,说明 MS 本身不能强化染料脱色。而添加 MSCS 的体系则进一步加快了脱色反应速率,在 48min 内脱色率即可达到 95% 以上;与之相比较,添加热处理或蛋白酶 K 处理 MSCS 的体系,则染料脱色率下降约 15%,表明 MSCS 中一些热敏感的蛋白质也参与了 MSCS 强化染料脱色反应。综上,推测 MSCS 中可能存在氧化还原活性物质和蛋白质,而且它们能够进一步催化强化菌株 XB 对偶氮染料的脱色。

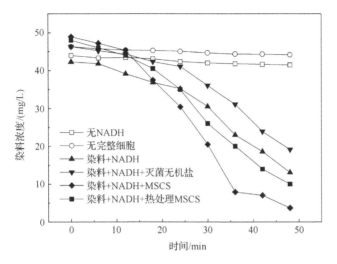

图 7.12　MSCS 对染料生物脱色的影响

为了进一步明确 MSCS 是否具有氧化还原活性,对以 20mmol/L 乳酸钠为碳源厌氧培养菌株 XB 后的 MSCS 进行了循环伏安分析。如图 7.13(a)所示。可以看出,单纯 MS 进行循环伏安分析时,没有出现特征的氧化还原峰,说明 MS 没有氧化还原活性;而厌氧培养菌株 XB 后的 MSCS 在 -200mV 处有明显的氧化还原峰,与相同条件下核黄素标样的氧化还原峰位置相吻合。而且,von Canstein 等研究也发现,*Shewanella* sp. 能够分泌黄素类物质(主要是核黄素和 FMN),并可加速电子向胞外固态电子受体的传递。因此,初步推测厌氧培养菌株 XB 后的 MSCS 中的氧化还原活性物质为黄素类化合物。

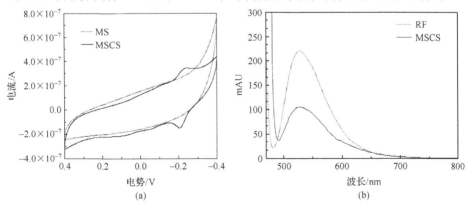

图 7.13　MSCS 的循环伏安(a)及荧光光谱(b)分析

采用荧光光谱法对 MSCS 作进一步的定性分析,并与核黄素(RF)标样对比。由图 7.13(b)可见,在 450～800nm 波长范围内对 0.5mg/L 核黄素标样进行扫描,核黄素的特征吸收峰在 527nm 处。在相同条件下对 MS 和 MSCS 进行扫描,发现 MSCS 在 527nm 处出现了特征吸收峰,而 MS 没有出现。结果表明,菌株 XB 在以乳酸钠为碳源的厌氧培养条件下可以向胞外分泌核黄素,由于分泌的核黄素具有氧化还原活性,因此,它可作为介体加速胞内电子向胞外电子受体-偶氮染料的传递,进而强化染料生物脱色。即微生物自介导的胞外还原反应参与了 *Shewanella* sp. XB 对偶氮染料的脱色过程。

为了进一步研究菌株 *Shewanella* sp. XB 胞外分泌核黄素的条件,以阐明其自介导胞外还原偶氮染料的机理,考察了不同碳源对菌株 XB 分泌核黄素的影响。实验采用了一株醌还原菌 QR-1,在无氧化还原介体的条件下,菌株 QR-1 对偶氮染料几乎不能脱色;而在氧化还原介体存在条件下,菌株 QR-1 能够顺利还原偶氮染料。选用浓度为 20mmol/L 的甲酸钠、乙酸钠、丙酸钠、丁二酸钠、葡萄糖、蔗糖和乳酸钠 7 种易降解有机物作为碳源,厌氧培养菌株 XB 24h 后,离心将菌株 XB 除去,用荧光分光光度法分别测定 MSCS 中的 RF 浓度,实验结果如图 7.14 所示。可以看出,菌株 XB 在以上述 7 种有机物为碳源的条件下,均能分泌核黄素;有机酸类为碳源时更有利于菌株 XB 分泌核黄素;不同的有机酸为碳源时分泌的核黄素量不同。其中,以乳酸钠为碳源时分泌的核黄素最多,厌氧培养 24h 后核黄素浓度达到 0.2mg/L 以上;甲酸钠次之;葡萄糖和蔗糖最少。

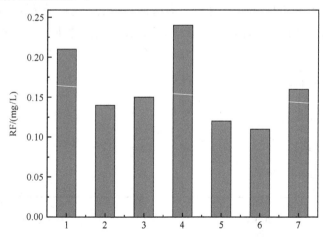

图 7.14 碳源对 RF 产生量的影响

1. 甲酸钠;2. 乙酸钠;3. 丙酸钠;4. 乳酸钠;5. 葡萄糖;6. 蔗糖;7. 丁二酸钠

在上述 7 种不同碳源条件下得到的 MSCS 中,添加染料 B2RL(浓度为 200mg/L)、20mmol/L 乳酸钠和菌株 QR-1(干重为 0.15g/L),在 pH 为 7、30℃条件下进行厌氧脱色,以考察不同 MSCS 对生物脱色的影响,结果如图 7.15所示。可以看出,醌还原菌 QR-1 在以甲酸钠、丙酸钠、丁二酸钠和乳酸钠为碳源条件下得到的 MSCS 中,对直接耐晒蓝 B2RL 的脱色效果较好,24h 脱色率均能达到 90% 以上,其中,以乳酸钠 MSCS 强化直接耐晒蓝 B2RL 脱色效果最佳,脱色率达到 95%。这与乳酸钠 MSCS 中核黄素浓度最高相一致。Shewanella sp. XB 分泌的核黄素可以强化直接耐晒蓝 B2RL 脱色,偶氮染料的脱色速率与分泌核黄素的浓度呈正相关。这也解释了为什么不同的电子供体可导致不同的 Shewanella sp. XB 脱色速率。

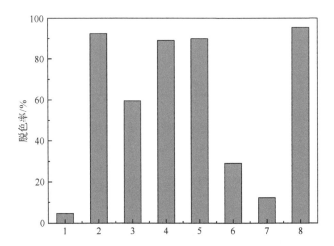

图 7.15　不同碳源培养的 MSCS 对直接耐晒蓝 B2RL 生物脱色的影响
1. 对照;2. 甲酸钠;3. 乙酸钠;4. 丙酸钠;5. 丁二酸钠;6. 葡萄糖;7. 蔗糖;8. 乳酸钠

因此,在 Shewanella sp. XB 厌氧处理偶氮染料废水时,如果以适宜的有机物为电子供体,则菌体可分泌黄素类化合物。黄素类物质作为胞外氧化还原介体提高了胞外电子传递的速率,进而加快偶氮染料生物脱色,实现了偶氮染料的胞外自介导还原转化。

5. 胞外蛋白质对偶氮染料生物脱色的促进作用

实验中发现,Shewanella sp. XB 在厌氧脱色偶氮染料时,除黄素类化合物之外,还可能分泌一些热敏蛋白质,并与黄素类化合物协同作用,促进了染料的胞外生物脱色反应。当 Shewanella sp. XB 对不同浓度的染料 B2RL 脱色后,菌体浓度均有小幅增加,说明染料脱色非菌体死亡而释放上述有效脱色因子所致。于是,分别测定了不同染料浓度废水的脱色上清液中蛋白质含量,并进行 SDS-聚丙烯酰胺凝胶电泳(SDS-PAGE),实验结果如图 7.16 和图 7.17所示。由图可见,随着染料初始浓度的增加,脱色上清液中蛋白质含

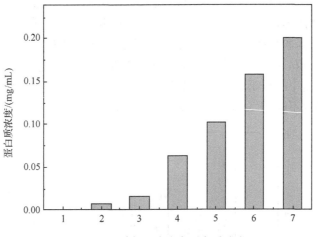

图 7.16　脱色上清液中蛋白质浓度

1. 100mg/L;2. 200mg/L;3. 500mg/L;4. 1000mg/L;5. 2000mg/L;6. 3000mg/L;7. 4000mg/L

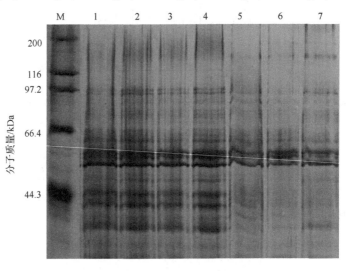

图 7.17　脱色上清液的 SDS-PAGE 分析

M. 标记;1. 4000mg/L;2. 3000mg/L;3. 2000mg/L;4. 1000mg/L;

5. 100mg/L;6. 200mg/L;7. 500mg/L

量也不断增大,胞外蛋白质浓度与染料初始浓度呈正相关。当染料初始浓度在 100～500mg/L 时,脱色上清液中蛋白质浓度低于 0.02mg/mL,而当染料浓度初始浓度大于 1000mg/L 时,胞外蛋白质浓度迅速增加。其中,染料初始浓度 4000mg/L 时的胞外蛋白质浓度达到 0.2mg/mL 左右。

SDS-PAGE 表明,*Shewanella* sp. XB 脱色染料 B2RL 后上清液中的优势蛋白质的分子质量在 50kDa 左右,而且,优势蛋白带的亮度可明显分为两组,1～4 和 5～7。分别对应的染料初始浓度是 1000～4000mg/L 和 100～500mg/L。这与上述脱色上清液中蛋白质含量趋势相吻合,表明当染料浓度大于 1000mg/L 时,菌体会分泌更多的蛋白质。

将上述优势蛋白带切下,并采用 LC-MS/MS 蛋白质组学技术对其进行鉴定,发现优势蛋白中含有多血红素细胞色素 C_{552}。电化学活性菌含有丰富的细胞色素 C,*Shewanella oneidensis* MR-1 的全基因组中具有 42 个细胞色素 C 基因。其中,外膜细胞色素 C 作为细胞表面的氧化还原组分可以介导胞内电子直接传递至胞外电子受体。电子吸收谱图分析表明,电极上 *Shewanella* 生物膜中含有大量的细胞色素 C_{552}。在一定条件下,周质中的细胞色素 C 亦可通过 Ⅱ 型分泌系统分泌至细胞表面,以传递电子至胞外电子受体。有研究表明,细胞色素 C_{552} 在厌氧条件下具有宽泛的底物范围,可催化多硝基有机物(RDX)、醌类化合物、亚硝酸盐、甲基羟胺、一氧化二氮、亚硫酸盐等。

黄素类化合物发挥介体功能的前提是其首先需要被生物还原,而黄素类化合物的还原要依赖于 *Shewanella* 中由细胞色素 C 组成的 Mtr 复合体或其他氧化还原性蛋白。因此,*Shewanella* sp. XB 脱色染料后上清液中的细胞色素 C 很可能与分泌的核黄素协同作用,强化了胞外自介导的生物脱色反应。

7.2.2 *Shewanella* sp. XB 对硝基苯的生物转化

1. *Shewanella* sp. XB 降解硝基苯的主要影响因素

1) 电子供体对硝基苯降解的影响

分别以甲酸钠、乙酸钠、丙酸钠、丁二酸钠、乳酸钠、葡萄糖、蔗糖作为电子供体,其浓度均为 10mmol/L,菌株 XB 干重为 0.2g/L,硝基苯初始浓度为 100mg/L,30℃厌氧培养 24h,以考察不同电子供体对硝基苯生物转化的影响,结果如图 7.18 所示。可以看出,在以乳酸钠、甲酸钠为电子供体时,菌株 XB 对硝基苯有较好的降解效果,24h 降解率均达到 75% 以上。其中,以乳酸钠为电子供体时,降解率最高为 81.5%。与菌株 XB 厌氧脱色偶氮染料时不同,葡萄糖和蔗糖为电子供体时的硝基苯降解率高于乙酸钠、丙酸钠和丁二酸钠 3 种有机酸盐。但它们为电子供体时的硝基苯降解率均低于 50%,尤其是丙酸钠作为电子供体时,硝基苯降解率最低为 23.8%。

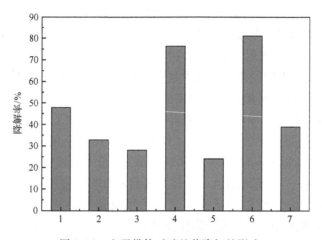

图 7.18　电子供体对硝基苯降解的影响
1. 葡萄糖;2. 丁二酸钠;3. 乙酸钠;4. 甲酸钠;5. 丙酸钠;6. 乳酸钠;7. 蔗糖

2) pH 对硝基苯降解的影响

配制 pH 分别为 4.0、5.0、6.0、7.0、8.0 和 9.0 的模拟废水,以乳酸钠作为电子供体(浓度为 10mmol/L),菌株 XB 干重为 0.2g/L,硝基苯初始浓度为 100mg/L,30℃厌氧培养 24h,以考察不同 pH 对硝基苯生物转化的影响,结果如图 7.19 所示。可见,pH 在 6.0~8.0 之间时,菌株 XB 对硝基苯的降解率相对较高,其中,pH 为 7.0 时降解效果最佳,降解率达到 83.2%;当初始 pH 为 6.0 时,24h 内降解率为 38.5%;初始 pH 为 8.0 时,降解率约为 43%;当 pH<6.0 或>8.0 时,降解效果较差,降解率均低于 10%。即初始 pH 在中性条件下更有利于菌株 XB 对硝基苯的降解。体系中 pH 过低或过高均能够影响微生物的生长及代谢,进而影响 *Shewanella* sp. XB 对硝基苯的厌氧转化能力。

3) 硝基苯初始浓度对硝基苯降解的影响

配制硝基苯初始浓度分别为 100mg/L、200mg/L、300mg/L、400mg/L、600mg/L、800mg/L 和 1000mg/L 的模拟废水,以乳酸钠作为电子供体(浓度为 10mmol/L),菌株 XB 干重为 0.2g/L,pH 为 7,30℃厌氧培养 24h,以考察

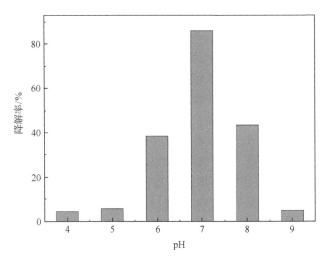

图 7.19　pH 对硝基苯降解的影响

不同硝基苯起始浓度对硝基苯生物转化的影响，结果如图 7.20 所示。可见，硝基苯浓度在 $100\sim1000$mg/L 范围内时，24h 内硝基苯均被不同程度地降解。硝基苯浓度为 100mg/L 时，硝基苯降解率最高为 84.9%。硝基苯降解率随着其浓度的增加而相应地下降至 18.7%。

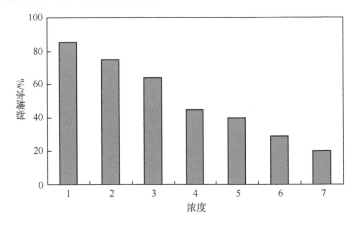

图 7.20　硝基苯初始浓度对其降解的影响
1. 100mg/L；2. 200mg/L；3. 300mg/L；4. 400mg/L；
5. 600mg/L；6. 800mg/L；7. 1000mg/L

2. *Shewanella* sp. XB 厌氧降解硝基苯的机理分析

1) *Shewanella* sp. XB 厌氧降解硝基苯的产物分析

在适宜降解条件下(硝基苯初始浓度为 200mg/L,乳酸钠作为电子供体,浓度为 10mmol/L,XB 菌体浓度为 0.2g/L,体系 pH 为 7,30℃ 厌氧培养24h),对其不同反应时间的降解产物进行高效液相色谱-质谱(HPLC-MS)分析。结果如图 7.21 所示。可以看出,反应 6h 时在液相色谱中出现了保留时间为 9.011min 的微弱峰,其质谱图中对应的 m/z 为 110.1,推测该物质为苯羟胺。当反应 24h 时,HPLC-MS 中不能检测到苯羟胺,此时,在液相色谱中出现了保留时间为 9.989min 的主要峰,其对应物质的 m/z 为 94.1,推测该物质是苯胺。由此可见,*Shewanella* sp. XB 厌氧降解硝基苯过程中,硝基苯经由中间产物——苯羟胺,最终被还原为苯胺。

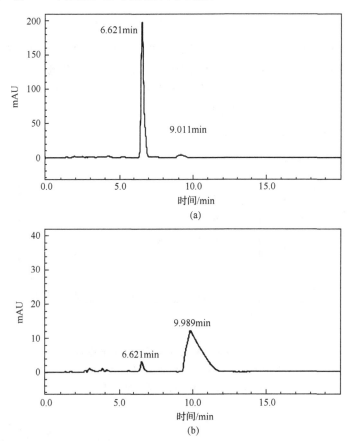

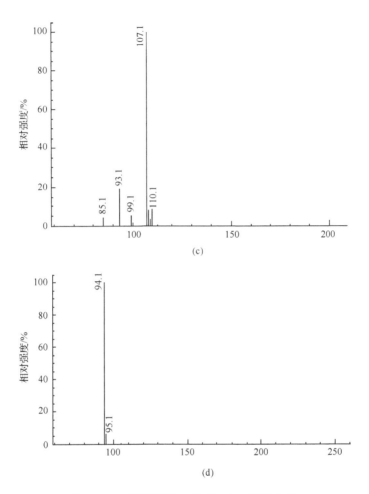

图 7.21　硝基苯降解产物的 HPLC-MS 分析

(a) 6h 时 HPLC;(b) 24h 时 HPLC;(c) 6h 时 MS;(d) 24h 时 MS

2) 胞外黄素类物质的分泌特性及其对硝基苯降解的作用

von Canstein 等研究发现,*Shewanella* sp. 能够分泌黄素类物质(主要是核黄素和 FMN),并可加速电子向胞外固态电子受体的传递[32]。为了明确 *Shewanella* sp. XB 在硝基苯存在下能否分泌黄素类物质,考察了硝基苯厌氧转化过程中黄素类物质的分泌特性。首先利用循环伏安法(CV)定性分析了硝基苯降解体系的上清液,结果如图 7.22 所示。可见,该上清液存在明显的氧化还原峰,峰中心位置分别在 −0.562V 和 −0.443V 处。这说明上清液中存在电化学活性物质,而且峰形与核黄素标样峰形相似。推测 *Shewanella* sp. XB 还原硝基苯过程中产生的电化学活性物质为黄素类。

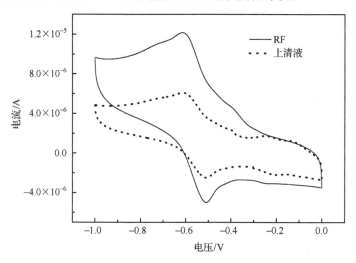

图 7.22 *Shewanella* sp. XB 降解硝基苯体系上清液的循环伏安图

采用荧光光谱法在最大的发射波长 523nm 下,对上清液中黄素类物质进行了定量分析,图 7.23 表明,在 200mg/L 硝基苯存在下,分泌的黄素类物质浓度随着厌氧培养时间延长而增加,48h 时黄素类浓度达到 118 μg/L;但黄素类化合物的最终浓度却随着硝基苯初始浓度增加而降低。图 7.24 显示了

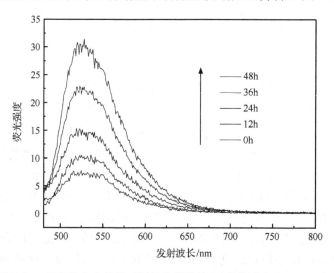

图 7.23 黄素类化合物随时间的分泌特性(硝基苯浓度为 200mg/L)

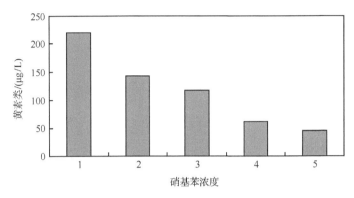

图 7.24　硝基苯初始浓度对黄素类化合物分泌的影响
1. 0mg/L；2. 50mg/L；3. 100mg/L；4. 200mg/L；5. 300mg/L

厌氧培养 24h 时不同硝基苯初始浓度下分泌的黄素类化合物浓度。300mg/L 硝基苯的存在导致了黄素类化合物分泌量降低了 79.5%，相应地，硝基苯厌氧转化率也明显下降。因此，黄素类物质可能作为氧化还原介体起到加速胞外电子传递的作用，进而促进硝基苯还原。微生物自介导的胞外还原反应参与了 *Shewanella* sp. XB 对硝基苯的降解过程。

3）细胞表面特性及其对硝基苯降解的作用

将上述厌氧培养后的菌体收集、洗涤后，放入磷酸盐缓冲溶液中制成 XB 完整细胞（浓度为 200mg/L）。在 $-1000\sim1000$mV 范围内对其进行循环伏安分析（扫描速率为 0.1V/s）。由图 7.25 可见，细胞表面在 -500mV 附近出现一对氧化还原峰，表明厌氧培养的 *Shewanella* sp. XB 细胞表面具有一定氧化还原活性。当 XB 细胞与核黄素共存时，氧化和还原峰电流增加，并在 -700mV 附近出现一新的还原峰，说明核黄素与 XB 菌细胞表面之间存在一定的相互作用。预示了这种相互作用在 *Shewanella* sp. XB 对硝基苯的还原过程中发挥正面影响，强化微生物自介导的硝基苯胞外还原反应。

采用 EDTA 法提取 *Shewanella* sp. XB 细胞表面的胞外聚合物（EPS），并进行了 SDS-PAGE 分析，结果如图 7.26 所示。SDS-PAGE 表明，硝基苯的存在对厌氧培养的 *Shewanella* sp. XB 细胞表面的蛋白质组成整体上影响不大。为了进一步明确硝基苯对细胞表面蛋白组成的影响，将上述主要差异蛋白带切下，并采用 LC-MS/MS 蛋白质组学技术对其进行鉴定，发现硝基苯的存在可诱导产生一些特异性蛋白，如：TonB-dependent receptor（102kDa）、TonB-dependent siderophore receptor（78kDa）、TonB-dependent heme/he-

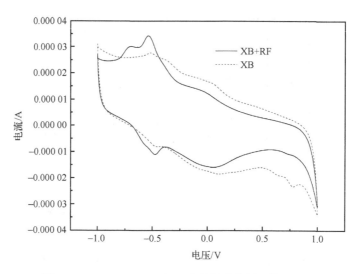

图 7.25 *Shewanella* sp. XB 完整细胞的循环伏安分析

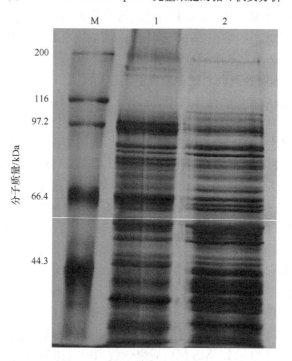

图 7.26 *Shewanella* sp. XB 表面 EPS 的 SDS-PAGE 分析

M. 标记;1. 厌氧培养 XB 菌;2. XB 菌＋硝基苯

moglobin receptor family protein(77kDa)、type I secretion outer membrane protein,TolC family(47kDa);以及一些氧化还原性蛋白,如:decaheme cytochrome c (72kDa)、flavocytochrome c(63kDa)、periplasmic nitrate reductase (93kDa)等。

参照第 7.3 节中图 7.32 表明,*Shewanella* sp. XB 细胞表面提取的 EPS 本身也具有对硝基苯的催化转化活性,而且核黄素可促进 EPS 对硝基苯的催化性能。因此,上述差异蛋白很可能直接或间接地参与了菌株 XB 厌氧降解硝基苯的过程。

7.3　电化学活性菌/醌改性载体协同强化污染物生物还原

通常,电化学活性菌只有在固态电子受体存在时[如 Fe(III)氧化物、电极等],表面才形成电化学活性组分或向胞外分泌氧化还原介体(诱导性的)。因此,为了发挥电化学活性菌在水处理体系中的作用,我们在体系中引入催化型生物载体 Q-PUF(详见第 4 章)。电化学活性菌与催化型生物载体 Q-PUF 的结合,可促进后者生物还原,使其更好地发挥其催化作用。另外,在该体系中 Q-PUF 不仅是生物载体,而且还可作为电化学活性菌的固态电子受体,类似于微生物燃料电池中的阳极。Q-PUF 可诱导电化学活性菌表面形成电化学活性组分或向胞外分泌氧化还原介体,这些生物基介体可加速水中难降解污染物还原转化。因此,电化学活性菌与 Q-PUF 二者具有协同作用,呈现双重强化效应。

1. Q-PUF 固定 *Shewanella* sp. XB 的影响因素

初始微生物浓度是影响微生物与载体间接触频度的重要因素。随着菌体浓度的增加,微生物与载体表面的接触概率通常也随之增高。然而,在这个过程中存在一个临界微生物浓度,当超过临界浓度时,载体上吸附的生物量不再增加。考察了不同的初始微生物浓度(50~500mg/L)对固定化的影响,结果如图 7.27(a)所示。可见,在 0.15g Q-PUF 的体系中,当菌液浓度为 300mg/L 时,固定在 Q-PUF 上的生物量最高;高于或低于 300mg/L 时,载体上生物量均有不同程度的降低。

　　pH 对生物载体吸附固定微生物也具有明显影响。当菌液 pH 高于细菌等电点(pI)时,细菌表面由于氨基酸的电离作用而显负电性;当菌液 pH<pI 时,细菌表面显正电性。当细菌表面与载体表面的电荷相反时,微生物易于固定在载体上。图 7.27(b)显示了体系中 Q-PUF 量为 0.15g,菌液浓度为 300mg/L 的条件下,菌液 pH 从 3.0 增加至 10.0 条件下固定化生物量的变化规律。结果表明,当菌液 pH 为 6 时,微生物表面电荷与 Q-PUF 表面电荷呈相反电性,载体上固定的生物量较多。

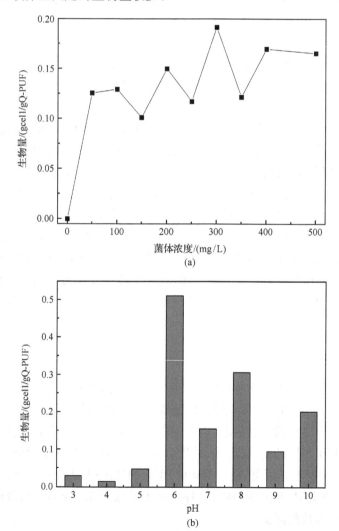

(a)

(b)

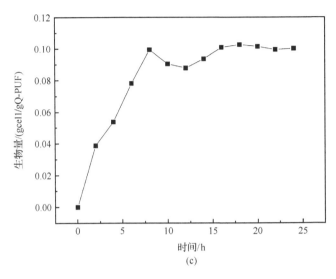

图 7.27　Q-PUF 吸附固定菌株 XB 的影响因素

(a) 菌体浓度；(b) pH；(c) 固定化时间

　　微生物在载体表面吸附、脱附是一个动态过程。因此，需要一个相对稳定的环境条件，以及一定的微生物与载体接触时间，才能完成微生物在载体表面的增长过程。图 7.27(c)表明，在作用 18h 前，载体上的生物量是持续增加的，而后吸附在载体上的生物量变化趋缓。

　　在适宜条件下(菌体浓度为 300mg/L，0.15g Q-PUF，pH＝6，固定时间为 18h)，菌体附着在醌改性聚氨酯泡沫上的生物量约为 0.1gcell/gQ-PUF。Q-PUF 具有许多孔隙，有利于微生物吸附在其中。从扫描电镜也可以看出，有大量的 *Shewanella* sp. XB 吸附于 Q-PUF 上，菌株 XB 呈杆状、无鞭毛、大小约为 0.5μm。

2. 不同存在状态的菌株 XB 对硝基苯降解的影响

　　在适宜的降解条件(乳酸钠浓度为 10mmol/L，硝基苯浓度为 200mg/L，反应体系 pH 为 7.0，菌株 XB 浓度约为 0.2g/L)下，考察了不同存在状态的 *Shewanella* sp. 对硝基苯降解的影响。从图 7.28 可以看出，不同状态的 *Shewanella* sp. 对硝基苯降解均遵循一级动力学反应。在 24h 内游离菌株 XB 的硝基苯降解率约为 46%；添加 AQS (0.2mmol/L)可显著提高反应速度，一级速率常数 k 约增加 6 倍，达到了 0.26h^{-1}。这表明了 AQS 作为高效氧化还原介体，不仅可促进偶氮染料的生物脱色，而且可加速硝基芳烃的生物还原反应。另外,在 PUF 或 Q-PUF 存在的情况下,不论是游离菌株 XB,还是菌株 XB 预固定到载体上,都能加速硝基苯的厌氧生物转化。而且,Q-PUF 的促进作用比 PUF 更明显,如:对于预固定 XB,k 分别增加了 2.3 倍和 0.6 倍;对于游离菌株 XB,k 分别增加了 4.9 和 0.4 倍。Q-PUF 的存在可使硝基苯降解速率最高达到 0.13mmol/(L·h),其原因可能是由于 Q-PUF 中固态 AQS 首先被 *Shewanella* sp. XB 生物还原成氢醌,后者将快速地化学还原硝基苯,从而大幅度提高了硝基苯的降解速率。

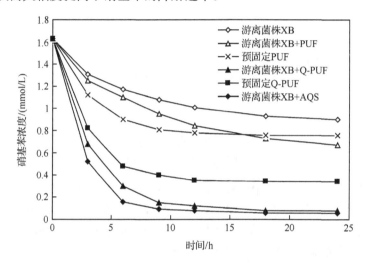

图 7.28　菌株 XB 的存在状态对硝基苯降解影响

3. 电化学活性菌/醌改性载体协同作用体系中核黄素的分泌特性

在硝基苯降解之后,Q-PUF 或 PUF 的表观颜色均发生了改变。从图 7.29(a)可以看出,PUF 在使用之后有黄色物质附着于其中;而 Q-PUF 则变成亮颜色。推测可能是由于核黄素自身具有弱的水溶性,故 Q-PUF 或 PUF 吸附了 *Shewanella* sp. XB 分泌的核黄素;Q-PUF 上因核黄素较多而颜色更深。为了验证这一推测,利用循环伏安法定性分析了降解体系中上清液以及醌改性载体上洗下物质的电化学特性,结果如图 7.29(b)所示。可见,无论 *Shewanella* sp. XB 或模式菌 *Shewanella* sp. MR-1 的上清液,还是菌株 XB 载体上 CV 均存在明显的氧化还原峰;其峰形与标准核黄素相似,且峰中心位置分别在 −506mV 和 −440mV 处。说明上清液及载体上存在的电化学活性物质为 *Shewanella* sp. 在降解硝基苯过程中产生的黄素类化合物。

　　另外，采用荧光光谱法对上述样品也进行了分析。在激发波长为 464nm
进行发射波长扫描，由图 7.29(c)可见，上清液中的核黄素和分泌到载体上的
核黄素与标准核黄素的最大发射波长均为 523nm。在此波长下的核黄素定
量分析结果如表 7.3 所示。结果表明，Q-PUF 或 PUF 的存在促进了 *She-
wanella* sp. XB 分泌了更多的核黄素。与 PUF 相比较，Q-PUF 的促进效应更
明显，核黄素总量达到了 126μg/L，是无生物载体时的 1.1 倍；与上述 Q-PUF

(a)

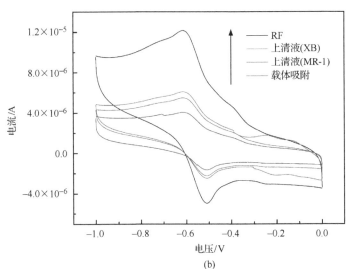

(b)

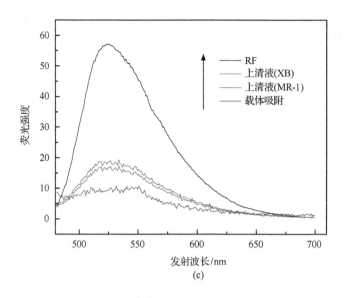

图 7.29　*Shewanella* sp./Q-PUF 协同作用体系中核黄素的分泌

(a) 载体使用前后照片：(1) 反应后 PUF，(2) 反应前 PUF，(3) 反应后 Q-PUF，
(4) 反应前 Q-PUF；(b) 循环伏安图；(c) 荧光光谱图

表 7.3　生物强化降解硝基苯体系中黄素类物质分泌量　　(单位：μg/L)

	XB	MR-1	预固定 PUF 体系	XB+PUF	预固定 Q-PUF 体系	XB+Q-PUF
上清液	61.5	55.7	52.3	60.6	66.2	89.5
载体吸附	—	—	34.6	34.9	35.4	36.7
合计	61.5	55.7	86.9	95.5	101.6	126.2

的硝基苯降解促进效应相对应。可能是由于 Q-PUF 上的 AQS 可作为固态
电子受体，诱导菌株 XB 产生更多核黄素，以用于胞外 AQS 的还原，而后者可
进一步还原硝基苯，从而加速硝基苯的降解。这与 Fe(Ⅲ)氧化物和微生物染
料电池中电极可促进氧化还原介体产生的情况类似。

4. *Shewanella* sp. XB/Q-PUF 协同作用体系中胞外聚合物及其作用

当固态电子受体存在时(如金属氧化物、电极等)，电化学活性菌的胞外聚合物（EPS）在胞外电子传递过程中发挥了重要作用。为了进一步明确 *Shewanella sp.* XB EPS 在硝基苯转化中的作用，首先利用傅里叶变换红外光谱（FTIR）分析了菌株 XB 结合态 EPS（bound EPS）的特性。结果表明，EPS 出现了 5 个特征吸收峰（图 7.30）。根据一些典型功能基团的光谱特性，这 5 个特征吸收峰分别代表多糖及核酸（1300～900cm^{-1}）、蛋白质（1700～1500cm^{-1}），以及膜质和脂肪酸类（3400～2860cm^{-1}）。

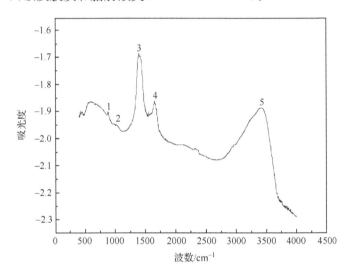

图 7.30　*Shewanella* sp. XB 结合态 EPS 的 FTIR 分析
1 和 2. 多糖和核酸；3 和 4. 蛋白质；5. 膜质和脂肪酸类

在一定条件下，电化学活性菌细胞表面会产生一些氧化还原性组分。于是，采用紫外-可见分光光度法和荧光分光光度法检测了 *Shewanella* sp. XB 结合态 EPS 中是否含有细胞色素。由图 7.31(a) 可见，氧化态 EPS 的最大吸收峰出现在 402nm 处，而还原态 EPS 的最大吸收峰是 416nm。这些特征峰与细菌外膜上氧化态及还原态的细胞色素 C 相一致。

另外，图 7.31(b) 和 7.31(c) 分别给出了氧化态和还原态 EPS 的荧光光谱图。首先通过三维扫描获得结合态 EPS 的激发波长为 350nm；在此激发波长下进行发射波长扫描，得到还原态 EPS 的最大发射波长分别为 400nm 和 452nm；而比较而言，氧化态 EPS 则出现微弱的吸收峰 [图 7.31(c)]，这均与细胞色素 C 的特征相一致。

由上述分析可知，菌株 XB 在还原硝基苯的过程中不仅产生核黄素，也产生含有细胞色素的 EPS。为了明确 EPS 在硝基苯生物还原中的作用及其与核黄素的关系，进行了完整细胞实验。在 PBS(50mmol/L,pH 7.0)中，硝基苯浓度为 30mg/L)、乳酸钠浓度为 0.1mmol/L、XB 细胞浓度为 200mg/L、核黄素浓度 0.1mg/L、AQS 浓度 0.1mmol/L,EPS 浓度为 10mg/L、30℃、厌氧反应 24h。

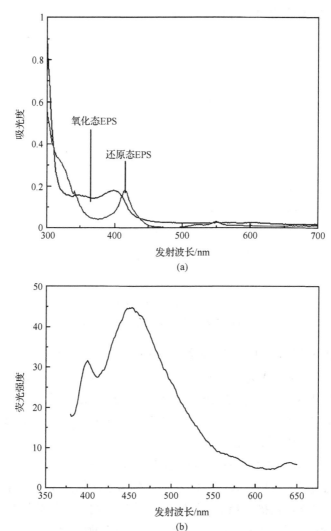

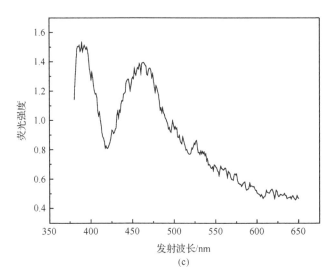

(c)

图 7.31　结合态 EPS 中细胞色素 C 的氧化还原状态分析

（a）紫外-可见光谱；（b）还原态 EPS 荧光光谱；（c）氧化态 EPS 荧光光谱

　　从图 7.32 可以看出，当乳酸钠作为电子供体时，EPS 本身可催化转化硝基苯，而且核黄素可明显促进 EPS 对硝基苯的催化性能（转化率提高 65%）；但热处理或蛋白酶处理的 EPS 几乎失去催化活性，说明其催化功能是由 EPS

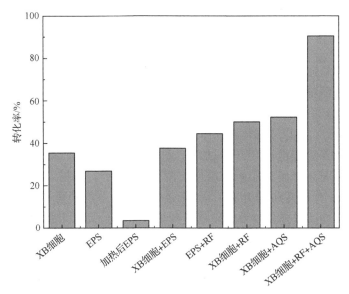

图 7.32　EPS 和胞外介体在硝基苯生物转化中的作用

中的蛋白质所致;同时也表明 XB 细胞表面的氧化还原蛋白可通过与其分泌的核黄素相互作用提高硝基苯的转化。另外,核黄素或 AQS 的加入可使 XB 细胞对硝基苯的转化率分别提高 41% 和 47%;而当核黄素与 AQS 共存时, XB 细胞对硝基苯的转化率可提高 1.56 倍,这预示了细胞分泌的核黄素与载体上 AQS 可发挥协同作用,从而显著提高硝基苯的生物转化性能。

综上,在电化学活性菌/醌改性载体生物转化硝基苯的体系中,AQS-PUF 可促进电化学活性菌分泌更多的内源介体核黄素;电化学活性菌还可产生含细胞色素 C 的氧化还原性 EPS;核黄素可与胞外 EPS 相互作用促进硝基苯生物转化。而且,核黄素还可与醌改性载体上 AQS 发挥协同介导效应,从而显著提高硝基苯的转化性能。因此,电化学活性菌和 AQS-PUF 能够双重强化硝基苯的厌氧生物转化。

7.4　电化学活性菌/醌改性载体强化活性污泥处理毒性有机废水

由上述可知,电化学活性菌与 AQS-PUF 可发挥协同作用,高效强化硝基苯的厌氧生物转化。为了提高电化学活性菌/醌改性载体的实际应用潜能,考察了电化学活性菌/醌改性载体对活性污泥处理硝基苯废水性能的影响,以确定适宜的生物强化方式和建立该新型处理工艺的调控策略。

1. 生物强化方式对活性污泥处理硝基苯废水性能的影响

通过厌氧瓶模拟厌氧 MBR,用离心分离代替膜分离。污泥浓度 MLSS 约 3g/L,葡萄糖浓度 10mmol/L,硝基苯浓度 100~400mg/L,菌体投加量为 10%(w/w),30℃恒温培养,反应器按 SBR 方式运行,每个周期 24h。载体加入量 10%(v/v)。以未强化污泥体系为对照,考察了 4 种生物强化方式(投加 XB 菌、投加聚氨酯泡沫 PUF、投加醌改性聚氨酯泡沫 Q-PUF、投加 Q-PUF＋XB 菌)对硝基苯降解的影响。结果如图 7.33 所示。可见,当进水硝基苯浓度由 100mg/L 提高到 400mg/L 时,未强化污泥体系的硝基苯降解率最低,且波动较大。而 4 种强化体系的硝基苯降解效果明显高于未强化体系,在整个运行期间,降解率均可达到 75% 以上。XB 菌的存在对加速反应器的启动效果更明显;生物载体的存在则可提高运行稳定性,尤其对进水中浓度硝基苯较高时。综合比较可见,污泥＋Q-PUF＋XB 菌对硝基苯降解的强化效果最明显,硝基苯降解率在 90% 左右。

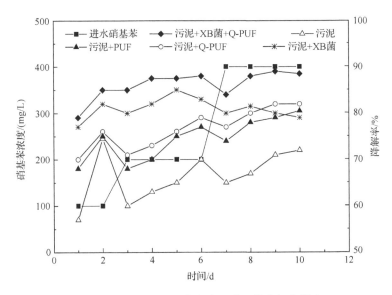

图7.33 不同生物强化方式对硝基苯降解的影响

2. 生物强化体系性能的主要影响因素

1）电子供体种类

在模拟厌氧 SMBR 中,污泥浓度 MLSS 3g/L,电子供体浓度 10mmol/L,硝基苯浓度 200mg/L,菌体投加量为 10%(w/w),载体加入量 10%(v/v),30℃恒温培养,每个周期 24h。比较了三种电子供体对污泥+Q-PUF+XB 菌体系降解硝基苯的影响(图 7.34)。由图可见,当以葡萄糖作为电子供体时,硝基苯降解率明显高于乳酸钠和混合碳源(葡萄糖浓度 5mmol/L、乳酸钠浓度 5mmol/L)。虽然乳酸钠是 XB 菌降解硝基苯的适宜电子供体,但其不利于强化体系厌氧转化硝基苯;葡萄糖为该生物强化处理体系的适宜电子供体。

2）电子供体浓度

在模拟厌氧 SMBR 中,污泥浓度 MLSS 3g/L,葡萄糖浓度(0~15mmol/L),硝基苯浓度 100~200mg/L,菌体投加量为 10%(w/w),载体加入量 10%(v/v),30℃恒温培养,每个周期 24h。考察了葡萄糖浓度对污泥+Q-PUF+XB 菌体系降解硝基苯的影响(图 7.35)。由图可见,当葡萄糖浓度低于 10mmol/L 时,强化体系的硝基苯降解率仅为 50%~60% 左右;当葡萄糖浓度为 10mmol/L 时,降解率可达到 85%~90%;高于 10mmol/L 时,硝基苯降解率增加不明显。因此,该生物强化处理体系的适宜葡萄糖浓度为 10mmol/L。

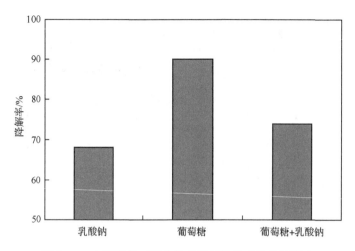

图 7.34　电子供体对强化体系厌氧转化硝基苯的影响

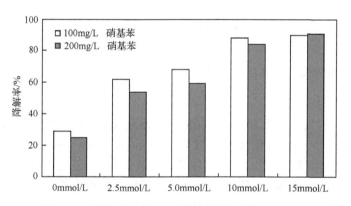

图 7.35　葡萄糖浓度对强化体系降解硝基苯的影响

3）盐度

在模拟厌氧 SMBR 中，未驯化污泥浓度 MLSS 3g/L，葡萄糖浓度 10mmol/L，硝基苯浓度 200mg/L，菌体投加量为 10%（w/w），载体加入量 10%（v/v），盐度 50～80g/L，30℃恒温培养，每个周期 24h。以未强化污泥体系为对照，考察了盐度对污泥＋Q-PUF＋XB 菌体系降解硝基苯的影响（图 7.36）。由图可见，Q-PUF 与 XB 菌的加入可明显提高体系在高盐度下的启动速度，7～10 天即可完成启动，硝基苯降解率约达到 90%；而且当体系盐度进一步增加至 8% 时，污泥＋Q-PUF＋XB 菌体系有较强的抗盐度冲击能力，而增加盐度对未强化污泥体系的降解性能影响显著，而且短时间内（10

天)其硝基苯降解性能难以恢复。这与 XB 菌可耐高盐度有关,且生物载体可进一步强化体系耐盐性能。

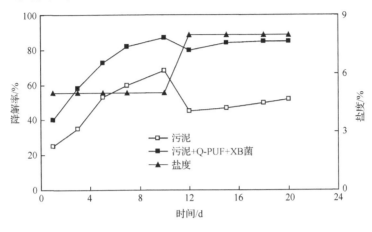

图 7.36　盐度对污泥+Q-PUF+XB 菌体系降解硝基苯的影响

3. 电化学活性菌/醌改性载体强化厌氧处理硝基苯废水

在确定了生物强化方式及其主要影响因子的基础上,在厌氧膜生物反应器(AMBR)中考察了污泥+Q-PUF+XB 菌体系降解硝基苯的性能。

膜生物反应器如图 7.37 所示。有效容积:2L;膜面积:0.05m²;膜材质:PVDF;膜孔径:0.2μm;污泥浓度 MLSS 2g/L,菌体投加量为 10%(w/w),载体加入量 10%(v/v)。进水为人工配置的硝基苯废水。硝基苯,100~

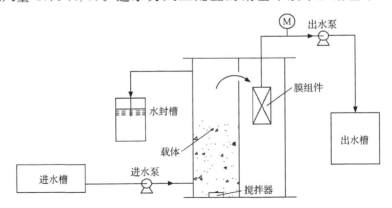

图 7.37　生物强化膜生物反应器处理硝基苯废水工艺示意图

800mg/L；葡萄糖浓度，10mmol/L，K_2HPO_4，0.6g/L；KH_2PO_4，0.5g/L；$MgCl_2 \cdot 6H_2O$，0.2g/L；$CaCl_2$，0.05g/L；NH_4Cl，1g/L；$NaHCO_3$，5.0g/L，pH，7 ~ 8；HRT = 24h；$T = 25 ~ 28℃$。结果如图 7.38 所示。可见，$Shewanella$/Q-PUF的投加可使 AMBR 系统能够迅速启动，并稳定运行，在整个反应器运行期间，膜出水硝基苯去除率可保持在 90% 左右；体现了电化学活性菌/醌改性载体对硝基苯生物处理体系的双重强化效应。

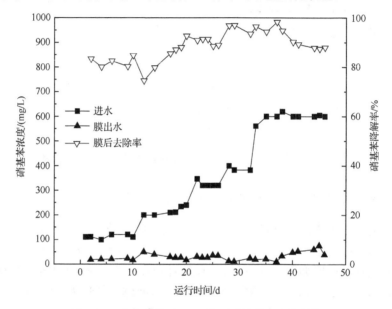

图 7.38　生物强化 AMBR 处理硝基苯废水的性能

　　利用扫描电镜分析了强化处理体系中在稳定运行期间的 Q-PUF 上附着污泥样品。由图 7.39(a)可以看出，Q-PUF 上具有许多大孔间隙，这些孔隙有利于微生物吸附在其中，也利于固定上的醌和微生物接触。从图 7.39(b) 中可见，载体上的优势微生物呈杆状、无鞭毛、大小约为 $0.5\mu m$，与强化菌类似。为了进一步确定载体上的优势微生物，对反应器中的微生物群落进行了 DGGE 分析，结果如图 7.40 所示。可以看出，在反应器运行初期，污泥中微生物种类较多；随着运行时间的延长，微生物群落的多样性逐渐变少。对载体上主要条带进行测序表明，其优势菌为 $Shewanella$ sp.，这与 SEM 分析结果相吻合，也说明了强化菌 $Shewanella$ sp. XB 可优势地存在于生物载体上，从而与 Q-PUF 发挥协同强化作用，高效转化硝基苯。

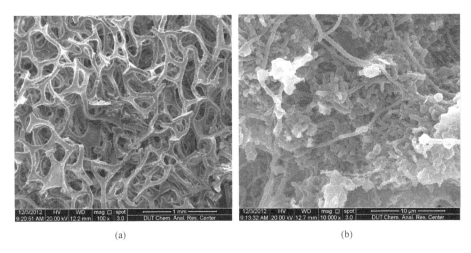

(a)

(b)

图 7.39 生物强化体系中载体 SEM 照片
(a) Q-PUF 上附着污泥;(b) Q-PUF 上附着污泥放大图

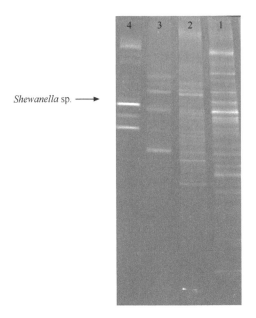

图 7.40 生物强化 AMBR 中微生物群落 DGGE 分析
1. 初始污泥;2. 悬浮污泥(22 天);3. 悬浮污泥(46 天);4. Q-PUF 上附着污泥

对生物强化体系中的上清液进行了循环伏安分析,结果如图 7.41 所示。结果表明,反应器上清液中出现了明显的氧化还原峰,说明生物强化体系中有氧化还原性物质分泌到溶液中。该氧化还原性物质可作为介体催化强化硝基苯厌氧生物转化,从而提高其处理效率。

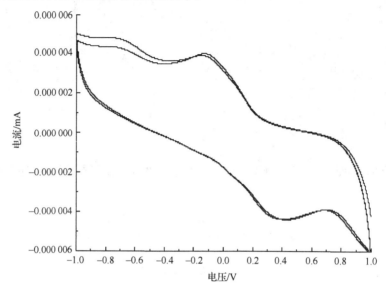

图 7.41　生物强化 AMBR 中上清液循环伏安图

参 考 文 献

[1] 任南琪，王爱杰. 厌氧生物技术原理与应用. 北京：化学工业出版社，2004：1-116

[2] Shan H, Kurtz H D, Freedman D L. Evaluation of strategies for anaerobic bioremediation of high concentrations of halomethanes. Water Research, 2010, 44: 1317-1328

[3] Foght J. Anaerobic biodegradation of aromatic hydrocarbons: pathways and prospects. Journal of Molecular Microbiology and Biotechnology, 2008, 15: 93-120

[4] Farhadian M, Vachelard C, Duchez D, Larroche C. In situ bioremediation of monoaromatic pollutants in groundwater: a review. Bioresource Technology, 2008, 99: 5296-5308

[5] Zhang C L, Bennett G N. Biodegradation of xenobiotics by anaerobic bacteria. Applied Microbiology and Biotechnology, 2005, 67: 600-618

[6] Weelink S A B, van Eekert M H A, Stams A J M. Degradation of BTEX by anaerobic bacteria: physiology and application. Reviews in Environmental Science and Biotechnology, 2010, 9: 359-385

[7] Rylott E L, Lorenz A, Bruce N C. Biodegradation and biotransformation of explosives. Current Opinion in Biotechnology, 2011, 22: 434-440

[8] Ali H. Biodegradation of synthetic dyes—a review. Water, Air, and Soil Pollution, 2010, 213: 251-273

[9] 夏北成. 环境污染物生物降解. 北京：化学工业出版社，2002：226-364

[10] 韦朝海，张小璇，任源，胡芸，吴海珍. 持久性有机污染物的水污染控制：吸附富集、生物降解与过程分析. 环境化学，2011，30：300-309

[11] 沈德中. 污染环境的生物修复. 北京：化学工业出版社，2002：48-156

[12] Bell C H. Extracellular electron shuttle mediated bioremediation of chlorinated organic compounds. Champaign: University of Illinois at Urbana, 2007: 136-189

[13] Zhang H, Weber E J. Elucidating the role of electron shuttles in reductive transformations in anaerobic sediments. Environmental Science and Technology, 2009, 43: 1042-1048

[14] Aulenta F, Catervi A, Majone M, Panero S, Reale P, Rossetti S. Electron transfer from a solid-state electrode assisted by methyl viologen sustains efficient microbial reductive dechlorination of TCE. Environmental Science and Technology, 2007, 41: 2554-2559

[15] Newman D K, Kolter R. A role for excreted quinones in extracellular electron transfer. Nature, 2000, 405: 94-97

[16] Rabaey K, Boon N, Hofte M. Microbial phenazine production enhances electron transfer in biofuel cells. Environmental Science and Technology, 2005, 39: 3401-3408

[17] Suzuki Y, Kitatsuji Y, Ohnuki T, Tsujimura S. Flavin mononucleotide mediated electron pathway for microbial U(VI) reduction. Physical Chemistry Chemical Physics, 2010, 12: 10081-10087

[18] Watanabe K, Manefield M, Lee M, Kouzuma A. Electron shuttles in biotechnology. Current Opinion in Biotechnology, 2009, 20: 633-641

[19] Rau J, Knackmuss H J, Stolz A. Effects of different quinoid redox mediators on the anaerobic reduction of azo dyes by bacteria. Environmental Science and Technology, 2002, 36: 1497-1504

[20] Borch T, Inskeep W P, Harwood J A, Gerlach R. Impact of ferrihydrite and anthraquinone-2,6-disulfonate on the reductive transformation of 2,4,6-trinitrotoluene by a gram-positive fermenting bacterium. Environmental Science and Technology, 2005, 39: 7126-7133

[21] van der Zee F P, Cervantes F J. Impact and application of electron shuttles on the redox (bio)transformation of contaminants: a review. Biotechnology Advances, 2009, 27: 256-277

[22] Cervantes F J, Thu L V, Lettinga G, Field J A. Quinone-respiration improves dechlorination of carbon tetrachloride by anaerobic sludge. Applied Microbiology and Biotechnology, 2004, 64: 702-711

[23] Kwon M J, Finneran K T, Microbially mediated biodegradation of hexahydro-1,3,5-trinitro-1,3,5-triazine by extracellular electron shuttling compounds. Applied and Environmental Microbiology, 2006, 72: 5933-5941

[24] Fu Q S, Boonchayaanant B, Tang W, Trost B M, Criddle C S. Simple menaquinones reduce carbon tetrachloride and iron (Ⅲ). Biodegradation, 2009, 20:109-116

[25] van der Zee F P, Bouwman R H, Strik D P, Lettinga G, Field J A. Application of redox mediators to accelerate the transformation of reactive azo dyes in anaerobic bioreactors. Biotechnology and Bioengineering, 2001, 75: 691-701

[26] Wolf M, Kappler A, Jiang J, Meckenstock R U. Effects of humic substances and quinones at low concentrations on ferrihydrite reduction by Geobacter metallireducens. Environmental Science and Technology, 2009, 43: 5679-5685

[27] Aranda-Tamaura C, Estrada-Alvarado M I, Texier A C, Cuervo F, Gomez J, Cervantes F J. Effects of different quinoid redox mediators on the removal of sulphide and nitrate via denitrification. Chemosphere, 2007, 69: 1722-1727

[28] Kwon M J, Finneran K T. Biotransformation products and mineralization potential

for hexahydro-1,3,5-trinitro-1,3,5-triazine (RDX) in abiotic versus biological degradation pathways with AQDS and *Geobacter metallireducens*. Biodegradation, 2008, 19: 705-715

[29] Guerrero-Barajas C, Field J A. Riboflavin-and cobalamin-mediated biodegradation of chloroform in a methanogenic consortium. Biotechnology and Bioengineering, 2005, 89: 539-550

[30] van der Zee F P, Bisschops I A, Lettinga G. Activated carbon as an electron acceptor and redox mediator during the anaerobic biotransformation of azo dyes. Environmental Science and Technology, 2003, 37: 402-408

[31] Mezohegyi G, Goncalves F, Fabregat A, Fortuny A. Tailored activated carbons as catalysts in biodecolourisation of textile azo dyes. Applied Catalysis B: Environmental, 2010, 94: 179-185

[32] von Canstein H, Ogawa J, Shimizu S, et al. Secretion of flavins by *Shewanella* species and their role in extracellular electron transfer. Applied and Environmental Microbiology, 2008, 74: 615-623

[33] Yuan S, Lu H, Wang J, Zhou J, Wang Y, Liu G. Enhanced bio-decolorization of azo dyes by quinone-functionalized ceramsites under saline conditions. Process Biochemistry, 2012, 47: 312-318

[34] Guo J, Kang L, Yang J, Wang X, Lian J, Li H, Guo Y, Wang Y. Study on a novel non-dissolved redox mediator catalyzing biological denitrification (RMBDN) technology. Bioresource Technology, 2010, 101: 4238-4241

[35] Cervantes F J, Garcia-Espinosa A, Moreno-Reynosa M A, Rangel-Mendez J R. Immobilized redox mediators on anion exchange resins and their role on the reductive decolorization of azo dyes. Environmental Science and Technology, 2010, 44: 1747-1753

[36] Lu H, Zhou J, Wang J, Si W, Teng H, Liu G. Enhanced biodecolorization of azo dyes by anthraquinone-2-sulfonate immobilized covalently in polyurethane foam. Bioresource Technology, 2010, 101: 7185-7188

[37] Guo J, Zhou J, Wang D. Biocatalyst effects of immobilized anthraquinone on the anaerobic reduction of azo dyes by the salt-tolerant bacteria. Water Research, 2007, 41: 426-432

[38] Lovley D R, Coates J D, Blunt-Harris E L, Phillips E J, Woodward J C. Humic substances as electron acceptors for microbial respiration. Nature, 1996, 382: 445-448

[39] Lovley D R, Fraga J L, Coates J D, Blunt-Harris E L. Humics as an electron donor for anaerobic respiration. Environmental Microbiology, 1999, 1: 89-98

[40] Becker J G, Freedman D L. Use of cyanocobalamin to enhance anaerobic biodegrada-

tion of chloroform. Environmental Science and Technology, 1994, 28: 1942-1949

[41] Workman D J, Woods S L, Gorby Y A, Fredrickson J K, Truex M J. Microbial reduction of vitamin B_{12} by *Shewanella alga* strain BrY with subsequent transformation of carbon tetrachloride. Environmental Science and Technology, 1997, 31: 2292-2297

[42] Stolz A. Basic and applied aspects in the microbial degradation of azo dyes. Applied Microbiology and Biotechnology, 2001, 56: 69-80

[43] Gralnick J A, Newman D K. Extracellular respiration. Molecular microbiology, 2007, 65: 1-11

[44] 洪义国, 郭俊, 许志诚, 岑英华, 孙国萍. 与环境污染物转化相关的细菌厌氧呼吸研究动态. 应用与环境生物学报, 2006, 12: 878-883

[45] Rabaey K. Bioelectrochemical systems: from extracellular electron transfer to biotechnological application. London: IWA Publishing, 2010: 256-333

[46] Cervantes F J, de Bok F A, Duong-Dac T, Stams A J, Lettinga G, Field J A. Reduction of humic substances by halorespiring, sulphate-reducing and methanogenic microorganisms. Environmental Microbiology, 2002, 4: 51-57

[47] Xu M, Guo J, Zeng G, Zhong X, Sun G. Decolorization of anthraquinone dye by *Shewanella decolorationis* S12. Applied Microbiology and Biotechnology, 2006, 71: 246-251

[48] Coates J D, Ellis D J, Blunt-Harris E L, Gaw C V, Roden E E, Lovley D R. Recovery of humic-reducing bacteria from a diversity of environments. Applied and Environmental Microbiology, 1998, 64: 1504-1509

[49] Cervantes F J, Duong-Dac T, Ivanova A E, Roest K, Akkermans A D, Lettinga G, Field J A. Selective enrichment of *Geobacter sulfurreducens* from anaerobic granular sludge with quinones as terminal electron acceptors. Biotechnology Letters, 2003, 25: 39-45

[50] Cervantes F J, Santos A B D. Reduction of azo dyes by anaerobic bacteria: microbiological and biochemical aspects. Reviews in Environmental Science and Biotechnology, 2011, 10: 125-137

[51] Cervantes F J, Gutierrez C H, Lopez K Y, Estrada-Alvarado M I, Meza-Escalante E R. Contribution of quinone-reducing microorganisms to the anaerobic biodegradation of organic compounds under different redox conditions. Biodegradation, 2008, 19: 235-246

[52] 方连峰. 醌化合物催化强化偶氮染料生物脱色研究. 大连: 大连理工大学硕士学位论文, 2007: 30-39

[53] 李丽华. 聚吡咯固定化介体强化偶氮染料和硝基化合物厌氧生物转化. 大连: 大连理工大学博士学位论文, 2008: 37-106

［54］王建龙. 生物固定化技术与水污染控制. 北京：科学出版社，2002：12-52

［55］司伟磊. 聚氨酯泡沫固定化醌强化偶氮染料生物脱色. 大连：大连理工大学硕士学位论文，2009：18-47

［56］袁守志. 醌基陶粒强化偶氮染料和硝基化合物厌氧还原. 大连：大连理工大学硕士学位论文，2011：29-44

［57］van der Zee F P，Lettinga G，Field J A. The role of (auto)catalysis in the mechanism of an anaerobic azo reduction. Water Science and Technology，2000，42：301-308

［58］Rabaey K，Boon N，Siciliano S D，Verhaege M，Verstraete W. Biofuel cells select for microbial consortia that self-mediate electron transfer. Applied and Environmental Microbiology，2004，70：5373-5382

彩　　图

图 2.1　高效醌还原菌群

(a) 　　　　　　　　　　(b)

图 2.12　醌还原菌群对溴氨酸的还原
(a)0h;(b)15h

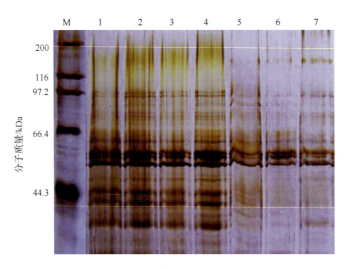

图 7.17　脱色上清液的 SDS-PAGE 分析

M. 标记；1. 4000mg/L；2. 3000mg/L；3. 2000mg/L；4. 1000mg/L；
5. 100mg/L；6. 200mg/L；7. 500mg/L

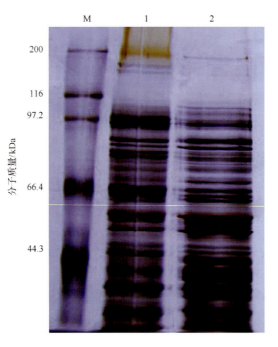

图 7.26　*Shewanella* sp. XB 表面 EPS 的 SDS-PAGE 分析

M. 标记；1. 厌氧培养 XB 菌；2. XB 菌＋硝基苯

(a)

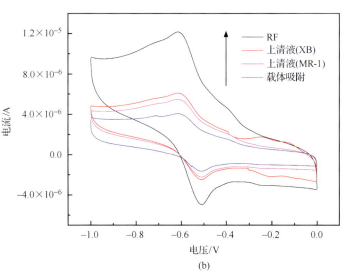

(b)

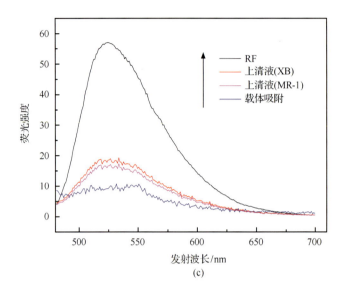

(c)

图 7.29 *Shewanella* sp. /Q-PUF 协同作用体系中核黄素的分泌
(a) 载体使用前后照片:(1) 反应后 PUF,(2) 反应前 PUF,(3) 反应后 Q-PUF,
(4) 反应前 Q-PUF;(b) 循环伏安图;(c) 荧光光谱图